Michel Claessens

Science et communication, pour le meilleur ou pour le pire ?

Éditions Quæ, c/o Inra, RD 10, 78026 Versailles cedex

La collection « Sciences en questions » accueille des textes traitant de questions d'ordre philosophique, épistémologique, anthropologique, sociologique ou éthique, relatives aux sciences et à l'activité scientifique. Elle est ouverte aux chercheurs de l'Inra mais aussi à des auteurs extérieurs.

Raphaël Larrère, Françoise Lescourret,
directeurs de collection

Le groupe de travail « Sciences en questions » a été constitué à l'Inra en 1994 à l'initiative des services chargés de la formation et de la communication. Son objectif est de favoriser une réflexion critique sur la recherche par des contributions propres à éclairer, sous une forme accessible et attrayante, les questions philosophiques, sociologiques et épistémologiques relatives à l'activité scientifique.

Texte revu par l'auteur avec la collaboration de Raphaël Larrère, Patrick Champagne et Elena Rivkine.

© Quæ, Versailles, 2009 ISSN : 1269-8490 ISBN : 978-2-7592-0367-3

Science et communication, pour le meilleur ou pour le pire ?

Du même auteur

L'Homme, la vie, l'univers, 1988, Éditions Imago

Les Dessous de l'intelligence, 1990, Éditions Imago

La Technique contre la démocratie, 1998, Le Seuil

Le Progrès au XXIe siècle, 2003, L'Harmattan

At the Human scale – International Practices in Science Communication, 2006, (en collaboration avec Donghong Cheng, Jenni Metcalfe, Bernard Schiele, Toss Gascoigne et Shi Shunke), Science Press

Communicating European Research 2005, 2007 (sous la direction de Michel Claessens), Springer

Communicating Science in Social Contexts, 2008 (sous la direction de Donghong Cheng, Michel Claessens, Toss Gascoigne, Jenni Metcalfe, Bernard Schiele, Shi Shunke), Springer

Je tiens à remercier tous ceux qui, par leurs contributions directes, leurs suggestions ou simplement leur écoute, m'ont aidé à écrire ce livre. Une pensée toute particulière d'abord à mon éditeur, Raphaël Larrère, pour ses précieuses suggestions, ainsi qu'à Michel André, Didier Buysse, Donghong Cheng, Suzanne de Cheveigné, Vladimir de Semir, Toss Gascoigne, Paul Jamet, Jenny Metcalfe, Marie-Claude Roland, Bernard Schiele et Ariane Vlérick.

Je veux également préciser que les opinions exprimées dans ce livre n'engagent que son auteur, et aucunement son employeur actuel, la Commission européenne.

Science et communication, pour le meilleur ou pour le pire ?

Introduction

Nous vivons, dit-on, dans la société de l'information ou même de la connaissance. Notre ère serait aussi celle de la communication. Le mot a gagné tous les étages de la vie professionnelle : technologies de la communication, direction de la communication, formation à la communication, stratégie de communication, etc. La « com » est omniprésente à tous les niveaux.

À la fois mode (avec ses gourous) et vrai marché (avec ses industriels et financiers prêts à investir des fortunes dans un secteur qui, professionnellement parlant, ne leur est pas toujours familier), la communication exerce surtout une vraie tyrannie (Ramonet, 1999). Aucune initiative un tant soit peu sérieuse ne se conçoit aujourd'hui sans être accompagnée d'un « plan communication » ou d'une « stratégie médias ». Aux frontières de la publicité et du marketing, la « com » peut nous faire avaler de drôles de pilules ! Lorsqu'il sera question de ce genre de communication, nous utiliserons le terme entre guillemets (« communication », « communiquer ») ou même l'expression vulgaire de « com ».

Où se trouve donc la communication ? Où s'est réfugiée, dans notre société postindustrielle, la vraie communication au sens d'un partage et d'un dialogue ? Il faut ouvrir grand les yeux et se promener longtemps dans nos pays pour avoir une chance de la rencontrer. Comme le rappelle Dominique Wolton (2005), elle est toujours fragile et de plus en plus menacée et Philippe Breton (1996) a parlé d'une utopie de la communication.

Si, de fait, la véritable communication a été pratiquement éradiquée de notre société (je parle évidemment du niveau institutionnel et non individuel), l'information, elle, est très présente. Cependant, l'une n'est pas l'autre. Communiquer, c'est échanger, c'est confronter les arguments, écouter les suggestions et les critiques ; informer, c'est adresser un message, livrer un résultat, donner une publicité à ses propres arguments. Faire de la « com » relève de la publicité ou de la propagande.

Il reste que notre ère soi-disant communicante est pain béni pour les responsables de relations publiques, les RP, *press officers* et autres *spin doctors*, pour reprendre les expressions des Anglo-Saxons. Proches du pouvoir (le « dir com » est en général attaché au pouvoir décisionnel le plus élevé), les papes de la « communication », canonisés par notre société, sont capables de faire et défaire des carrières.

La fièvre de la « communication » publique a gagné, avec quelque retard, le monde de la science. Ce délai est intéressant en soi, car la science est une activité de communication par excellence. La science est communication. Les scientifiques passent le plus clair de leur temps à communiquer, sous toutes les formes possibles, mais essentiellement avec leurs pairs. Aujourd'hui, plus et (surtout) mieux communiquer la science avec le public est devenu l'une des premières préoccupations des chercheurs. Le Commissaire européen à la recherche a parlé à ce sujet d'une « priorité » et d'une « obligation » (*in* : Claessens, 2007).

Cependant, ce qui domine, dans notre société contemporaine, c'est bien l'incommunication publique de la science. Au-delà des mots, la science est largement incommuniquée. Serait-elle incommunicable ? La disponibilité de nombreux, et excellents, produits d'information (livres, revues, émissions télévisées, sites Internet, etc.) ne doit pas faire illusion. Faire référence à la « communication » semble en réalité masquer un vide immense. Si la technique a facilité la diffusion et l'accès à l'information, la technologie établit aussi des obstacles à la communication.

Il n'existe pratiquement aucun forum permettant aux différents points de vue de se confronter et à un jury populaire de s'exprimer. Il ne s'agit pas de condamner tel ou tel scientifique, mais bien d'organiser des procès de sciences pour permettre à un jury populaire de rendre des conclusions et de proposer, le cas échéant, une réorientation du système scientifique et technique. Ces procès font cruellement défaut : l'appel de Philippe Roqueplo (1983) invitant les chercheurs à s'impliquer dans des expertises collectives contradictoires est resté sans suite. Cet ouvrage commence par analyser les voies empruntées aujourd'hui par l'information et la communication scientifiques. Car si l'ordinateur et le langage numérique ont ouvert d'innombrables portes, ils en ont aussi fermées.

Dans les deux chapitres suivants, nous analysons les conditions dans lesquelles s'opère aujourd'hui la communication scientifique ainsi que les contraintes qui s'exercent sur celle-ci, contraintes qui proviennent en grande partie du fonctionnement de la recherche.

Le quatrième chapitre examine un aspect assez méconnu de la communication scientifique : pourquoi les médias montent-ils en épingle les chiffres et les résultats de la recherche ? Pourquoi cette « face chiffrée » est-elle mise en lumière au point d'occulter des aspects essentiels comme la méthode scientifique et le fonctionnement de la communauté des chercheurs ?

Enfin, dans la conclusion, nous revenons sur le rôle de la communication dans le processus de contrôle de la technoscience. J'appelle à une institutionalisation des conférences de consensus (dénommées en France « conférences de citoyens »). Ces « jurys d'assises pour la science » sont de trop rares expériences réussies de communication scientifique et de consultation publique. Sans vouloir en faire des centres de décision politique, ces initiatives apportent une réponse réaliste à l'impuissance de notre société à contrôler le cours et les débordements du développement des sciences et des techniques. Exigeons donc que leurs résultats soient clairement pris en compte par les décideurs ! Car il existe une demande très clairement exprimée par les Européens : ils souhaitent être davantage consultés et impliqués dans la marche du « progrès » et dans les choix qui sont opérés en son nom.

Une menace technologique

> *« La tristesse de l'intelligence artificielle est qu'elle est sans artifice, donc sans intelligence. »*
>
> Jean Baudrillard

Comment développer une culture de la communication publique de la science ? Le cadre conceptuel de la communication renvoie à la technologie du siècle passé. Les TIC sont aujourd'hui au cœur de tout le système technicien. Mais les bien nommées « technologies de la communication » stimulent-elles la communication ? Après les « folles années Internet », les développements récents permettent d'en douter. La technologie, aussi sophistiquée soit-elle, détourne-t-elle la communication ? L'ordinateur ordonnateur, omniprésent, matérialise et modèle cette valeur centrale de nos sociétés. Il nous faut cependant y voir moins le résultat des performances technologiques que l'expression de l'idéologie de l'intelligence véhiculée par notre société.

Parmi les activités de la société qui ont été fondamentalement bouleversées par la technoscience figure le secteur de l'information, et notamment celui des médias, ces machines à produire des « infos ». Analyser les mécanismes de l'information et de la « communication » scientifique doit donc intégrer les nouveaux médias de la connaissance dans la mesure où ceux-ci influent en retour le contenu, la diffusion de cette information et le support de cette « communication ». Nous montrons que le développement d'Internet a eu des répercussions profondes, mais aussi paradoxales, dans le domaine de la « communication » de la recherche.

Dans un premier temps, les technologies de l'information et de la communication ont facilité les échanges et l'accès au savoir. À la fin du siècle passé, Internet a répandu l'usage de la « communication » électronique à l'échelle mondiale et la Toile a ensuite donné naissance à un nouveau média. Une véritable révolution : Internet a semblé avoir mis à portée de main et à la portée de tous, les richesses créées par l'Homme et accumulées au long des millénaires.

Internet n'a pas seulement facilité l'accès et la diffusion de l'information, il affecte aussi l'organisation du savoir et son contenu. Cette innovation, au moins aussi importante que l'imprimerie, bouleverse la diffusion de l'héritage culturel, change le contenu de l'information et modifie la vie quotidienne de tout un chacun, jusqu'à nos comportements et même nos désirs. Son influence dépasse clairement les seuls aspects techniques. La « communication » est également devenue un puissant moteur de l'économie, ne fut-ce que par le développement et la mondialisation des technologies convergentes de l'informatique et de la téléphonie. Jusqu'au monde de la science qui est également affecté en profondeur par la révolution numérique, notamment le marché des publications scientifiques, et partant le système même de la recherche.

Mais, les technologies de la « communication », aujourd'hui très sophistiquées, ont-elles réellement dopé la communication ? Les industriels et les politiques l'affirment. En regroupant information et « communication », désormais soudées dans une expression très pragmatique – les TIC –, la technologie œuvrerait pour notre bien commun. Sans doute. Elle renforce en tout cas la confusion. Car, si l'information et la communication se partagent certains terrains et certains moyens, l'une n'est pas l'autre. Grattez le vernis de la communication et ce sont le plus souvent des informations qui apparaissent.

Internet a littéralement explosé grâce au World Wide Web, la « toile d'araignée mondiale », un système d'information développé en 1989 par l'informaticien anglais Tim Berners-Lee, travaillant alors au Cern, le laboratoire européen de la physique des particules situé à Genève[1]. À cette époque-là, les utilisateurs d'Internet étaient confrontés à un problème de taille : comment savoir ce que chaque ordinateur relié au réseau contient comme informations, documents, images, etc. ? Le *world wide web* a permis de répondre à cette question en reliant par un fil (un lien) électronique les données entre elles en une formidable toile de

[1] La naissance du web est à inscrire au (trop) volumineux catalogue des idées géniales nées en Europe mais exploitées ailleurs !

dimension planétaire. Le web ou le www est la version multimédia du réseau Internet. Il exploite entre autres la technique de l'hypertexte, qui permet d'établir des connexions entre des parties de documents stockés dans des ordinateurs localisés aux quatre coins du monde et d'effectuer des recherches dans des bases de données sans savoir exactement au départ ce que l'on va trouver ni où se trouvent les informations.

Ce formidable essor des TIC est le résultat d'une évolution technique qui s'est produite au cours des dernières années et qui est passée quasi-inaperçue – aux yeux de l'homme de la rue en tout cas : la généralisation de la numérisation. Devenu la *lingua franca* de la technologie et, à proprement parler, de la plupart des machines qui nous entourent, le langage numérique a entraîné une unification des différents éléments du champ de l'information. Il a également rendu possible la convergence de l'ordinateur, du téléphone et de la télévision (qui tous aujourd'hui « communiquent » par bits) et ouvert la porte au développement de toute une gamme de services informatiques et de technologies multimédias. L'importance des enjeux actuels se mesure à l'aune des fusions de sociétés, d'acquisitions d'entreprises et d'accords en tout genre qui se multiplient dans les secteurs autrefois cloisonnés des télécommunications, du cinéma, de l'audiovisuel et de l'informatique.

Internet est un peu à l'ordinateur ce que le câble est à la télévision. Il a suscité un tel engouement et connaît un tel développement qu'il est pratiquement impossible de connaître aujourd'hui le nombre de machines qu'il relie dans le monde. Si ce n'est que les « inforiches » vivent, dans leur écrasante majorité, dans les pays développés. Il reste que cet espace de « communication » possède aussi ses limites. Internet nous a fait entrer dans l'ère de la « communication » instantanée, de l'information en temps réel. Une prouesse technique que ne permet pas l'imprimé. Mais qui a pour conséquence une réduction drastique de l'horizon de l'actualité : hier, la durée de vie d'une *news* se comptait en jours, aujourd'hui c'est en minutes, voire en secondes. Nous allons voir que cette immédiateté pose problème à la communauté scientifique, dont les modes de communication ne sont pas adaptés à cette manière de travailler.

Il y a bien sûr un prix à payer, sous la forme notamment d'une baisse de la qualité de l'information (voir *infra*). La publication d'un livre ou d'un article requiert un travail de plusieurs semaines, quelquefois de plusieurs mois. Ces délais permettent la relecture, la vérification orthographique, la consultation de divers spécialistes, l'enrichissement iconographique : autant d'étapes qui améliorent en principe la qualité de l'information mais qui peuvent plus difficilement être mises en œuvre lorsque la pérennité de l'information est limitée à la journée ou à l'heure. Il doit exister une sorte de « relation d'incertitude » qui veut que le nombre d'erreurs présentes dans un texte multiplié par le temps de production de celui-ci soit *grosso modo* constant.

Internet permet également la collecte d'informations aux quatre coins du monde et dans des temps record. Ainsi, lorsque Jacques Chirac a annoncé son intention de reprendre les essais nucléaires français dans le Pacifique en septembre 1995, trois étudiants japonais ont réalisé la première « pétition électronique » de l'Histoire. La pétition a été remise à l'ambassade française à Tokyo le 4 août 1995. Elle comportait les noms de près de 40 000 personnes de 89 pays différents, l'Allemagne et le Japon arrivant en tête en termes du nombre de réponses. Mais la rapidité et la facilité avec lesquelles ces données ont été « pêchées » ne doivent pas faire illusion : il s'agit bien peu de communication.

Maintes applications ont démontré, en quelques années à peine, l'intérêt du réseau et les formidables possibilités offertes par cette technologie. Le cyberespace nous invite à franchir les portes d'une économie de la connaissance, caractérisée par de nouveaux moyens de production et une nouvelle organisation sociale. Un développement fulgurant et profond, qu'a bien résumé l'expression de « bulle Internet ». Car les enjeux sont désormais colossaux : Google annonce en 2006 qu'il va numériser 15 millions de livres en moins de dix ans. L'Amérique veut-elle s'approprier et contrôler la connaissance mondiale ? Certes, la mise en disposition gratuite de tous ces livres peut être vue comme un formidable *boost* éducatif. Mais, venant des États-Unis et soutenue par le monde anglo-saxon, l'initiative n'est pas culturellement neutre. C'est pourquoi la Bibliothèque nationale de France, à l'initiative de son président Jean-Noël Jeanneney, a réuni dix-neuf bibliothèques européennes dans une initiative destinée à contrer l'ambitieux projet Google Print[2].

Le monde scientifique n'échappe pas à ces tendances lourdes. Le développement d'Internet qui, rappelons-le, a été initié par la communauté des chercheurs, modifie en retour les modes de « communication » de celle-ci. Lors d'événements marquants, comme l'arrivée sur Mars de la sonde Beagle 2 ou le survol de Titan par Cassini en janvier 2005, le monde suit l'événement « en temps réel » et la presse attend des scientifiques des réactions et des commentaires « en direct » (*on the spot*). Ce qui paraît normal au commun des mortels n'est pas encore entré dans les mœurs de la communauté scientifique car cette démarche s'affranchit du travail de validation effectué par les pairs. Ce sont traditionnellement les scientifiques qui contrôlent l'information scientifique. À juste titre d'ailleurs : qui peut mieux qu'eux certifier la pertinence des conclusions avancées ? Or, cette validation très légitime est vue comme un frein à l'information du public, voire comme une volonté de dissimuler certaines choses. Lors d'une conférence de presse le 15 janvier 2005 au Centre des opérations spatiales européennes, à Darmstadt, en Allemagne, John Zarnecki, scientifique chargé des expériences à la surface de Titan, décrivit l'apparence du satellite en ces termes : « Nous pensons qu'il s'agit d'un matériau recouvert d'une fine pellicule, sous laquelle se trouve une couche d'une consistance relativement uniforme ». Après la conférence, un des collègues de Zarnecki suggéra aux journalistes présents une analogie avec de la « crème brûlée », qui fut aussitôt reprise par nombre de médias. Mais l'affaire suscita des remontrances de la part de certains collègues sous prétexte que ce rapprochement n'avait pas été validé scientifiquement.

---

[2] Jeanneney J.-N., 2006, *Quand Google défie l'Europe, Paris,* Fayard-Mille et Une Nuits.

Fractures numériques

Ce mouvement s'inscrit dans un contexte de bouleversement des pratiques et des méthodes de travail qui touche en particulier les acteurs de la diffusion du savoir et donc les secteurs de l'éducation, de l'information et de la « communication ». Pratiquement toutes les universités disposent désormais de « classes télématiques », où professeurs et étudiants se rencontrent électroniquement, et même de « campus électroniques » qui offrent sur les réseaux existants la plupart des services d'un campus réel : accueil, conseils d'orientation, catalogue des formations, etc.

Mais, sous des aspects particulièrement sympathiques, le développement du cyberespace démocratisera-t-il l'accès au savoir ? Développera-t-il la communication ? Favorisera-t-il la participation politique ? Réduira-il les inégalités entre et au sein des populations humaines ? Rien n'est moins sûr. Les tendances actuelles semblent au contraire indiquer une multiplication et un renforcement des fractures numériques entre le Nord et le Sud, entre les riches et les pauvres. Si l'apparition du livre a facilité d'une certaine mesure l'accès à la connaissance de ceux qui savaient lire, ce n'est pas le cas, à l'heure actuelle, des nouvelles technologies de l'information puisque l'équipement minimum comprend, notamment, un ordinateur relativement sophistiqué, des logiciels appropriés (sans parler de la formation nécessaire), ainsi qu'une ligne téléphonique et une source d'énergie électrique. En 1995, on comptait 180 millions d'ordinateurs personnels en usage dans le monde. La possibilité d'accéder au réseau était donc limitée, *grosso modo*[3], à 3 % de la population mondiale. Plus de dix ans plus tard, en 2008, on en comptait près d'un milliard[4]. Un bon 10 % de l'humanité aurait donc accès à la société de la connaissance :

---

[3] Le raisonnement est ici assez grossier puisqu'il postule qu'une personne égale un PC (ou un Mac). Il est clair que, dans certains pays, un nombre assez élevé d'utilisateurs se partagent un ordinateur. Mais il est clair aussi que, dans les pays développés, de plus en plus de personnes possèdent plus d'un ordinateur personnel.

[4] *Le Journal du Net* : http://www.journaldunet.com/cc/02_equipement/equip_pc_mde.shtml

mais celle-ci est essentiellement inégalitaire : près de 70 % des PC se trouvent dans les pays les plus industrialisés. La Chine et l'Inde hébergent 7 % des ordinateurs du monde entier, pour une population qui représente plus du tiers de l'humanité. En comparaison, 44 % des foyers européens, selon les données les plus récentes, utilisent Internet[5]. Des chiffres qui relativisent les perspectives d'une massive démocratisation de l'accès à la connaissance.

Ces tendances sont encore aggravées par le fait que l'émergence du cyberespace entraîne aussi une « élitisation » de la connaissance et menace la cohésion sociale[6]. Le multimédia contribue à virtualiser le réel et renforce l'isolement social. L'accès à l'information est source et objet de profondes inégalités. Et si l'accès à l'information est une chose, son assimilation et son utilisation de façon constructive en sont une autre. Là se situe sans doute l'enjeu principal de ces prochaines années. Alors que plus de 10 % de toute l'information mondiale se trouve déjà, sous une forme électronique, accessible via les réseaux, les défis sont énormes, aux niveaux politique, économique et éducatif. Si permettre l'accès de ces technologies au plus grand nombre relève de la sphère politique et économique, intéresser les citoyens du monde et leur offrir la capacité de digérer et d'exploiter les informations disponibles est loin d'être acquis et requiert un travail colossal sur le plan de l'éducation et de la formation. La disponibilité du savoir ne résout en rien la question du « désir de savoir », qui reste un des enjeux essentiels de tout système d'éducation.

Qui, de la technique ou de l'homme, détermine les choix qui seront faits ? Si les multinationales de la « communication » ont, dans ce domaine, des intérêts évidents, ces développements s'expliquent aussi par la réaction rapide que nous leur avons donnée. Conformément à Ellul, l'émergence du cyberespace ne répond pas seulement, ou plus seulement, à une demande de la part des

---

[5] http://www.journaldunet.com/cc/01_internautes/inter_nbr_eu.shtml

[6] Van Bolhuis H. et Colom V., 1995, *Cyberspace reflections*, VUB University Press.

individus[7]. Elle est, pour l'essentiel, l'accomplissement d'une logique technique et marchande. Le bon sens recommande de ne pas foncer tête baissée sur les « autoroutes de l'information » qui devraient nous conduire, dit-on, sur la voie, rapide et sûre, d'une démocratie renforcée et d'une société meilleure. L'ouverture vers le réel nous confronte aux restes évanescents d'un mirage sociétal et à la présence aveuglante d'une utopie technique. Le processus en cours est moins le développement de la communication que le renforcement des inégalités, notamment entre les « branchés » et les autres, entre « inforiches » et « infopauvres »[8].

L'absence de véritable débat sur ces questions témoigne de la pauvreté de la communication ambiante ainsi que de la conviction, largement partagée, sinon déjà intégrée, que l'évolution en cours est irréversible, en raison notamment des intérêts économiques impliqués et de cette foi techniciste qui veut que, sur le mode de « tout ce qui est bon pour la technoscience est bon pour la société », seule une structure à base de réseaux, dotée des équipements technologiques de pointe, pourra remédier aux dysfonctionnements et aux imperfections de nos sociétés modernes.

On a bien compris que derrière l'alibi de l'« information », se profilent de formidables enjeux économiques et financiers, politiques et idéologiques, sociaux et culturels. Ce domaine ne fait pas exception au capitalisme ambiant et est désormais soumis tout entier aux lois du marché. Face à des développements qui concernent, en fin de compte, sa liberté (son information, sa culture), le simple citoyen attend du politique qu'il répercute ses interrogations légitimes au niveau de nos institutions démocratiques.

Le cyberespace incarne aujourd'hui un formidable marché, un véritable Eldorado pour les multinationales de la « communication », des médias et de ce business convergent que les Anglo-Saxons appellent l'« *edutainment* », aux frontières de l'éducation et du divertissement. Le rêve d'une technologie universelle de la connaissance et d'une « société de la communication » est désormais

---

7 Voir notamment Ellul, 1977 et 1954.

8 *Le Monde Diplomatique*, mai 1996, p. 17.

encadré par des enjeux politiques et industriels colossaux. La puissance économique et surtout financière des sociétés informatiques et des grands groupes de « communication » fera le reste. Les rares débats se résument de plus en plus à des échanges de textes par messagerie interposée et la maigre communication qui subsiste est détruite ou réduite à de gigantesques mailings électroniques, qui submergent d'informations tous les acteurs connectés : administrations, décideurs et le commun des branchés, bref moi, vous, nous.

Dans le contexte de crise de légitimité politique que les régimes dirigeants connaissent au niveau mondial, l'explosion des communications individuelles peut apparaître comme un prélude à la construction de nouveaux mécanismes politiques. Le développement des réseaux électroniques offre à la société des moyens accrus d'intervention et de contrôle. L'avenir nous dira si Internet est une aide ou une nuisance pour la démocratie. Loin de l'image traditionnelle selon laquelle un objet technique est conçu en fonction de son devenir dans la société, prophétisé par quelques inventeurs visionnaires ou des groupes d'individus éclairés, le destin d'une innovation est le fruit d'interactions complexes et enchevêtrées entre différents acteurs, de sorte que son futur n'est jamais écrit d'avance. Dans ce processus complexe se mêlent, au sein de ce qui est techniquement réalisable, les défis de l'heure, les projections d'aujourd'hui et les réactions des acteurs susceptibles d'être concernés par l'innovation en puissance. Il est donc impossible de prévoir toutes les évolutions et les implications à long terme d'une innovation comme Internet.

Le réseau est là parce que l'état de l'art a permis sa réalisation et parce qu'il existe dans notre société une incontestable fascination pour les inventions « *high tech* »[9]. À nous de lui trouver une application et un sens : la société est le laboratoire de la technique.

---

[9] Rappelons que le projet de numérisation des documents de la Bibliothèque nationale de France a longtemps buté sur de grosses difficultés parce que l'entreprise, guidée par des considérations relevant au premier ordre de l'évolution pourtant incertaine de l'offre technique existante, a négligé toute une série de réactions sociotechniques et de problèmes légaux.

La révolution technologique des médias

La révolution électronique en cours a touché de plein fouet le domaine des médias et de la « communication » audiovisuelle. « L'ère du numérique a créé un nouveau monde qui bouleverse l'industrie médiatique, son économie comme ses usages », soulignait en juin 2006 Serge July, alors PDG de *Libération*.

Il n'y a pas si longtemps, informer consistait à répondre à des questions fondamentales ; aujourd'hui, il s'agit surtout de montrer. « S'agit-il, demande Dominique Wolton (*op. cit.*), d'une société de l'information ou plutôt de l'image ? Car le triomphe, aujourd'hui, concerne l'image plus que l'information avec cette hypothèse simpliste selon laquelle l'image crée la communication. ». On constate ainsi une tendance accrue des rédactions de la presse écrite à réduire la longueur des articles publiés depuis que se généralise la mise en ligne de ceux-ci. Les technologies développent une culture de l'éphémère et de la redondance. Nous fonctionnons de plus en plus dans ce que Pierre Bourdieu (1996) a appelé la « diffusion circulaire de l'information » et – pour reprendre une autre de ses expressions – du *fast thinking*, cette « nourriture culturelle prémâchée qui nous évite de réfléchir et de poser des choix ». L'impact de cette « technologisation » est à la mesure des audiences. En science également, la télévision est la source n° 1 d'information pour les Européens, pour le meilleur et pour le pire : formater un sujet scientifique pour le JT nécessite aujourd'hui de le « cadrer » en une minute à peine. Et la boucle est bouclée puisque, à l'heure actuelle, un événement non médiatisé n'a tout simplement pas d'existence.

Au cours d'une conférence sur le journalisme scientifique européen à Barcelone en décembre 2007 où j'ai animé une réunion d'experts, ceux-ci ont mis cette question fondamentale sur la table, certes de façon provocatrice : « Avons-nous encore besoin aujourd'hui des journalistes ? » En témoigne le succès des « gratuits », produits par des équipes très réduites, sans journalistes sur le terrain, avec seulement quelques « éditeurs » qui pratiquent le copier/coller à l'échelle industrielle. Avec l'établissement d'une ligne directe entre l'événement d'un côté et le citoyen-téléspectateur de l'autre, la fonction de journaliste n'a plus guère de sens et, au sens littéral, plus de place : « À mi-chemin, écrit Ignacio Ramonet (*op. cit.*), il n'y a non plus un filtre, un tamis, mais simplement une vitre transparente. » Dans un exposé abordant l'influence de la technologie sur les pratiques journalistiques lors d'une autre conférence internationale à Barcelone, le rédacteur en chef de la rubrique scientifique du *New York Times* regrettait, devant un aréopage d'experts internationaux de la « communication publique de la science », que « les journalistes deviennent paresseux ». Leurs recherches se limitent de plus en plus à visiter quelques sites web sélectionnés. Bref, Internet « google-ise » le travail d'investigation. En science, bien des journalistes spécialisés se contentent de décrypter, voire de reprendre purement et simplement les communiqués de presse ou les informations électroniques qui leur sont adressées par des publications comme *Nature* ou *Science*, *The Lancet* ou le *British Medical Journal*, considérées comme fiables. Mais le serpent commence à se mordre la queue quand ces éditeurs-sources, également en concurrence, sélectionnent les informations et les travaux destinés à être médiatisés mondialement, ce qui n'est pas sans influence sur la communauté scientifique elle-même.

Deux évolutions diamétralement opposées sont donc en cours. D'un côté, les grandes revues scientifiques contrôlent des pans entiers de l'information scientifique et en particulier de la partie qui sera offerte par les médias au public. De l'autre, les technologies électroniques sont à l'origine d'une formidable augmentation du nombre d'émetteurs potentiels d'information, y compris dans le domaine scientifique. Le journaliste américain Dan Gillmor est à l'origine du concept de « journalisme citoyen (ou civique) ». Il prône un journalisme participatif impliquant des non-professionnels, leur permettant d'ajouter ce qu'ils savent à propos d'un sujet donné pour qu'ensuite les journalistes y creusent de quoi reconstruire la réalité. L'idée est qu'il vaut mieux plusieurs voix qu'une seule, ce qu'autorise la technologie. Certains médias l'ont bien compris et s'empressent d'ouvrir des « blogs » spécifiques dès que se produit un événement majeur[10]. Manuel Castells a forgé quant à lui l'expression de « médias de masse individuels »[11] pour décrire cette multiplication quasi illimitée du nombre d'émetteurs. Aujourd'hui plus d'un milliard d'individus ont accès à Internet et plus de deux milliards possèdent un téléphone portable. La *mass self communication* (communication de masse individuelle) représente, d'après Castells, une nouvelle forme sociale de communication, massive mais produite et reçue au niveau individuel. Une évolution qu'il faut relativiser : « Les grandes entreprises de médias, écrit Eric Klinenberg, professeur à l'université de New York, ont transformé les vastes espaces d'Internet en une énorme caisse de résonance où des textes identiques se font écho d'un site à l'autre sans que le journalisme original y gagne[12].

Mieux vaut parler d'information de masse individuelle : ces nouveaux médias sont surtout utilisés pour la publication et la diffusion d'informations et permettent à des individus et à des mouvements sociaux de produire des informations, de les contrôler, de les répandre et même d'agir sur les grands médias. Et l'on pourrait formuler la loi suivante : dans la blogosphère, le nombre d'émetteurs multiplié par leur nombre de récepteurs moyen est *grosso modo* constant. Mais qui sont les récepteurs ? Et où sont-ils ? Et tout ceci ne dit rien de la qualité des informations émises…

La numérisation de l'information et la technologisation de la « communication » ont un impact direct sur les médias et le travail des journalistes. Au-delà, c'est toute notre société de l'information qui subit les mutations imprimées par les technologies dites de la communication. On le constate notamment lors des derniers conflits armés, qui se jouent également à distance et au cours

---

[10] On a vu le rôle actif des blogueurs lors de la tuerie qui s'est produite à l'université technologique de Blacksburg aux États-Unis le 16 avril 2007. Parce que le tueur possédait sur son bras les mots « Ismail Ax » écrits à l'encre rouge, Google fut pris d'assaut avec plus de 100 000 recherches effectuées sur ces mots en un jour.

[11] *Le Monde Diplomatique*, août 2006.

[12] *Le Monde Diplomatique*, janvier 2007.

desquels les réseaux jouent un rôle de plus en plus central. On l'a vu dans le cas de la guerre d'Irak ; complètement artificialisée, mise en scène, découpée et remontée dans les studios, elle a été largement « mise en boîte » par les agences de presse et les porte-parole officiels. La bataille s'est également livrée sur le champ de la « communication ». Signe de la perte de souveraineté des États, les affrontements se déplacent sur les marchés globaux de l'information, de l'économie et de la finance. Mondialisation des réseaux oblige, on a vu aussi, notamment pendant la guerre d'Irak, une confusion de rôles s'installer entre les télévisions civiles et les unités d'observation militaires ; les unes et les autres s'alimentant mutuellement, il a paru naturel que les premières, tout comme les secondes, soient soumises à la censure (même s'il s'est agi parfois d'une censure par surinformation).

Une caractéristique des TIC est de faciliter, comme on l'a dit, la mobilité et la manipulation des photographies et documents en tous genres. Revers de la médaille, le système facilite également la diffusion de fausses informations. En témoignent l'affaire Clearstream et la supercherie montrant la décapitation d'un faux otage américain par un jeune internaute. Preuve qu'il suffit, de nos jours, de convaincre un média pour convaincre le monde entier. Copiez et collez : il en restera toujours quelque chose... Comme l'explique Dan Gillmor : « Pour les manipulateurs, les escrocs et les farceurs de tous calibres, Internet est le média tombé du ciel. »

Dans ce contexte, trier le bon grain de l'ivraie n'est pas toujours chose facile pour les journalistes. Dans une enquête consacrée au journalisme scientifique (Commission européenne, 2007), les représentants de la presse interrogés expliquent que la principale difficulté de leur travail est de repérer les informations de qualité. À l'heure où nous sommes tous assaillis d'informations, les journalistes ont fort à faire pour détecter tentatives de lobbysme, fausses informations, opinions personnelles et autres manœuvres.

Les défis de la société de la connaissance

Après la société industrielle, sommes-nous entrés, dans la société du transfert de connaissance ? S'il s'agit avant tout d'un concept économique, reconnaissant aux bits d'information le statut de matière première, cette nouvelle étape dans l'histoire de l'humanité entraîne également d'importantes implications sociales et culturelles.

Aujourd'hui, un public curieux s'intéressant aux sujets scientifiques, technologiques, environnementaux, médicaux, etc., peut avoir accès aux sources d'informations originales. Les grands laboratoires et les grandes organisations de recherche ont d'ailleurs conçu des stratégies de « communication virtuelle » qui leur permettent d'établir des ponts avec un public de plus en plus large à travers tous les continents. Au cours de la mission Cassini-Huygens vers Saturne et du premier « alunissage » d'un objet sur Titan au début 2005. Presque tout ce qui s'est écrit ou a été présenté à la télévision a été extrait du matériel disponible sous forme électronique sur le site Internet de la Nasa. Il n'était pas nécessaire d'acheter un journal ou de regarder la télévision : on pouvait en savoir beaucoup plus en allant sur Internet. Seuls les médias de qualité ont ajouté une touche originale en apportant des analyses complémentaires ou en interviewant des spécialistes du domaine.

Cette nouvelle forme d'accès direct à l'information et au savoir n'en est qu'à ses débuts et elle pose déjà beaucoup de questions. Comment ces internautes, de plus en plus nombreux, parviendront-ils à utiliser efficacement cette somme croissante d'informations et à gérer le trop-plein de données ? Quelle sera notre capacité de discernement ? Il est évident que les personnes qui seront capables de traduire les bits d'information en applications utiles – grâce à une formation adéquate et une capacité permanente d'adaptation – s'épanouiront dans cette société nouvelle. Les autres continueront à produire, mais sans valeur ajoutée. L'ultime fracture numérique résidera moins dans l'accès à la technologie que dans la capacité intellectuelle à l'utiliser. Et le défi concerne aussi les têtes bien remplies, comme l'a écrit récemment le philosophe Pierre Lévy : « Un des problèmes qui se posent aux intellectuels du XXIe siècle est de trouver les meilleures manières d'exploiter, au service de l'intelligence collective, cette nouvelle puissance [qu'est Internet][13]. »

---

[13] *Le Monde diplomatique*, août 2007.

Notre société fait-elle le maximum de ce qui est possible pour améliorer la diffusion des résultats de la recherche, exercer le partage des connaissances avec le public et permettre, en fin de compte, l'appropriation sociale des avancées de la technoscience ? La réponse est clairement « non ». Certes, l'accès au savoir est un préalable essentiel à l'instauration d'un vrai dialogue entre les acteurs de la recherche et les citoyens consommateurs de technologie que nous sommes tous. La maîtrise des pouvoirs de la technique passe par l'accès à la connaissance scientifique. Mais garantir l'accès du plus grand nombre à l'information ne garantit pas le partage et l'appropriation du savoir. De graves lacunes existent et subsistent en Europe à ce sujet. Celles-ci doivent être comblées de façon urgente : une science privée de réflexion sur elle-même peut-elle avoir conscience de son rôle dans la société ? L'enjeu n'est autre que de contribuer à l'émergence d'une science plus complète et plus citoyenne, et de la remettre ainsi « à sa juste place ».

Un leurre « idéo-techno-logique »

Les technologies de la « communication » stimulent-elles réellement la communication ? En 2005, les services les plus utilisés sur Internet représentaient la consultation des sites web et l'utilisation du courriel. 130 milliards de courriels ont été envoyés et reçus chaque jour entre les quelque 700 millions d'utilisateurs connus à cette date, même si deux-tiers de ces messages étaient du « pourriel » (combinaison de poubelle et de courriel) ou « *spam* » en anglais, c'est-à-dire des messages envoyés en masse à des fins publicitaires ou malhonnêtes. Souvent présenté comme un outil de communication, le courriel est surtout un outil d'information, certes très pratique et très puissant, pour transmettre des informations ponctuelles, éventuellement d'un volume important, à une ou plusieurs personnes. Le courriel se situe quelque part entre l'échange écrit et l'échange oral, empruntant le support du premier et autorisant les approximations du second. C'est devenu l'outil des gens pressés, qui n'ont pas, ou ne consacrent pas, assez de temps au dialogue ou à l'écrit. Ces personnes s'affranchissent sans complexe des règles grammaticales parce qu'elles ne s'accordent pas le temps minimum de réflexion[14].

Le web ne semble pas davantage stimuler la communication. Une étude menée par Brian Trench, de l'université de Dublin, a par exemple montré, à partir de l'analyse des sites Internet d'une centaine d'organisations de recherche, que la plupart d'entre eux n'offrent aucune possibilité de communication (Claessens, *op. cit.*).

Le problème est à la fois sociétal et technologique. Sociétal parce qu'il existe relativement peu de forums et d'occasions pour la communication. Au niveau institutionnel, celle-ci reste rarissime. Si, comme le rappelle Paul Watzlawicz *et al.* (1972), il est impossible de ne pas communiquer (au niveau individuel), celle-ci devient une gageure pour une organisation donnée[15]. Oubliez, dans ce contexte, la télévision où le minutage et la brièveté des débats ne permettent au mieux qu'un simulacre ou une mascarade d'échanges minutés et mis en scène. Oubliez également les enceintes politiques où les confrontations d'idées s'effacent derrière les positions partisanes. Oubliez également les établissements d'enseignement, qui ne sont simplement pas adaptés pour ce type d'activités. Des sujets complexes comme l'Europe et la science sont aujourd'hui, malgré leur importance dans nos sociétés, « incommunicables » si l'on tient compte des conditions réelles dans lesquelles cette soi-disant « communication » peut se réaliser.

---

[14] Je reproduis textuellement deux courriels reçus de mes collègues : « concernat les journalistes ; je ne pensepasqu'on puisses'épuisersur la rubrique santédes grands quotidiens, lclea ne vaut pas la peine : ; Il faudra les grndesrevues sciebntisu-fiuques comme Science, Lancet, la Recherche etc… » et « Je sais que tu as beaucoup de choses à faire. Quand peux-tu me sortir la liste de Gestpub contenant les contrats pour lesquels il y a un commentaire dans le champ remarks ? LE même format que l'autre pour les autres champs. »

[15] Le cas du référendum organisé en France sur le traité constitutionnel a bien montré que nos sociétés sont mal équipées pour permettre une véritable communication sur des sujets aussi complexes.

Plusieurs facteurs sont à l'origine de cette « incommunication » ambiante : la globalisation, la spécialisation croissante et le nombre toujours plus élevé d'émetteurs (et de récepteurs) individuels. Selon Dominique Wolton (*op. cit.*, p. 16) : « Il n'y a plus de lien direct, comme ce fut longtemps le cas, entre accroissement du volume de l'information et accroissement de la communication. On assiste même à l'inverse à une sorte de disjonction entre information et communication. » La technologie contribue donc à cette évolution générale : avec Internet, l'information a pris le pas sur la communication. Force est de constater que la communication, c'est-à-dire l'intercompréhension, n'est pas proportionnelle à l'efficacité des techniques. Et la multiplication des sites, chats et autres forums ne doit pas faire illusion. Serions-nous tous, ou presque, des chargés d'incommunication ?

Submergés d'informations que véhiculent les voies électroniques, nous vivons paradoxalement, au milieu du bruit, une époque caractérisée par une incommunication croissante. On doit s'interroger sur les raisons de cet abus du mot « communication » en lieu et place d'« information ». Est-ce précisément le manque qui est à l'origine de l'excès ? Si la technique a facilité l'accès à l'information, elle n'a pas automatiquement stimulé la communication.

Analyser les dessous de ce paradoxe n'est pas inintéressant. Pourquoi cet engouement pour la communication et l'affirmation *urbi et orbi* de celle-ci ? Nous baignons dans une idéotechnologie qui nous fait confondre communication et performances des machines. Des sigles ésotériques comme SMS, ADSL, wi-fi, etc. semblent autant de clés susceptibles d'ouvrir les portes de la « société de la communication ». Il est pourtant évident que baptiser « technologies de la communication » des outils informatiques ne suffit pas pour créer automatiquement une réalité physique incarnant celle-là. De même qu'un département autoproclamé « de communication » ne se transforme pas immédiatement en un lieu ouvert à l'écoute et aux débats.

On objectera que cette « société de la communication » est bel et bien une réalité. Des écoles et des officines spécialisées ont pignon sur rue. Dans la société contemporaine, l'action politique revêt systématiquement une dimension médiatique. Le succès de nos élus est souvent jugé à l'aune de leur capacité à faire passer leurs messages. Dans l'industrie aussi, où la « communication » est aujourd'hui une activité essentielle : toute entreprise de taille respectable, toute grande organisation possède son ou sa « dir com », en général attaché(e) au plus haut niveau, ce qui reflète la vision tactique, voire stratégique, qu'en possèdent les dirigeants. Pour le meilleur et pour le pire : une bonne « com » peut faire passer un projet boiteux... Jusqu'à la religion enfin, où prophètes, ecclésiastiques et autres imams font volontiers usage des technologies modernes de la « communication ».

Et, *a contrario*, de récents « accidents de parcours » ont été attribués, précisément, à un déficit de communication[16]. Ou le mouvement « antiscience » qui se développerait un peu partout en Europe et que certains attribuent, à tort ou à raison, à l'incapacité avérée des scientifiques à « communiquer » avec le public. Comme si, sur des sujets aussi fondamentaux, notre société était incapable de se doter de véritables occasions d'échange.

Une ère de l'incommunication ?

Caractéristique fondamentale des sociétés ouvertes et mobiles, donc tournées vers les changements, la « communication » est désormais érigée comme une valeur centrale. Pourtant, certains signaux ne trompent pas : TIC aidant, nous nous plaisons à considérer comme synonymes « transmission » et « intercompréhension », « connexion » et « communication ». Mais s'exprimer et acheminer son opinion aux destinataires intéressés et aux organisations concernées n'est pas suffisant pour enclencher un dialogue. Pour que la diffusion devienne communication, l'émetteur doit être respecté et le récepteur doit s'imposer, lui dont le rôle devient naturellement de plus en plus décisif avec la mondialisation et le nombre croissant de messages produits et distribués. Libre, l'homme moderne est souvent seul sur le réseau. Pleinement interactif, il est aussi en manque

[16] Comme le « non » français au référendum sur le traité constitutionnel de l'Union européenne.

de contacts réels. On assiste à une multiplication des connexions sans véritable échange ; de nombreuses « communications » n'ont pas pour but de développer la communication.

C'est l'un des paradoxes de notre temps. Si la « communication » semble présente à tous les étages de la société, il suffit de gratter les murs pour se rendre compte qu'il s'agit le plus souvent d'un simple vernis d'information, au mieux d'un échange d'informations. Et, trop rarement, de communication au sens d'un effort de dialogue, d'une nécessaire écoute de l'autre et d'une volonté de prendre en compte ses opinions. Société de l'information n'est pas synonyme de « société de la communication » ; hauts débits ne signifient pas nécessairement meilleure communication ; chats et blogs ne créent pas automatiquement des espaces de communication. L'idéologie technique ambiante nous fait voir la communication comme une simple technique.

Nous nous sommes laissé enfermer par la technologie, et le mythe de la communication qu'elle entretient nous maintient dans cette techno-logique. Nous sommes aujourd'hui fermés à la communication parce que prisonniers des possibilités (et aussi des lacunes) de la technologie. L'idéologie technique nous aveugle au point de nous faire confondre la communication avec les performances des machines (Wolton, *op. cit.*).

Cette idéologie, parce que c'en est une, nous a fait confondre scores QI et mesures de l'intelligence ; puis elle a introduit abusivement l'intelligence (artificielle) dans les mémoires électroniques. Combinée à la valeur reconnue par la société à la communication, elle explique en grande partie les leurres rencontrés dans les mondes parallèles de la recherche (communication de la science) et de la technologie (les TIC).

Dans une société qui prône la raison mathématisée et l'intelligence logique, notre tendance à voir la technique comme le prolongement et l'incarnation de notre propre intelligence combinée au mode de fonctionnement numérique de l'ordinateur nous incitent à considérer de simples technologies informatiques ou télématiques comme l'expression de valeurs essentielles, telles celle de la communication.

Fièvre et guérisseurs

« La grippe, ça dure huit jours si on la soigne et une semaine si on ne fait rien. »

Raymond Devos

Pourquoi cet engouement pour la communication publique de la science ? La science n'est-elle pas, par essence, communicante ? Le mouvement actuel traduit-il une volonté de transparence et/ou une mode ? Nous y voyons surtout l'expression d'un profond malaise. La communication publique, absente sur le terrain et très présente dans les discours, est vue comme la baguette magique capable de redorer un blason terni et d'occulter certains problèmes embarrassants.

D'aucuns affirment, sans doute avec une bonne dose de cynisme, qu'à l'heure actuelle, tout projet, aussi mauvais soit-il, peut aboutir pourvu qu'il soit accompagné d'une bonne campagne de communication. La communication est souvent vue comme une volonté de transparence. Dans le milieu professionnel, elle est souvent appelée à la rescousse en cas de difficultés. C'est le cas notamment des sujets qui nous concernent, la science et l'Europe, qui, à l'heure actuelle, traversent une période de turbulences.

La demande d'une meilleure communication de la science peut donner l'impression que cette activité est une invention récente. La vérité est qu'elle est, de nos jours, trop peu valorisée et lacunaire. Or, la diffusion élargie de la culture et de la compréhension de la science est aussi ancienne que la science elle-même. Rappelons ici que les cabinets de science avaient, aux XVIIe et XVIIIe siècles, pignon sur rue[17]. À l'époque où la science s'institutionnalisait, se manifestait une volonté arrêtée d'inviter et d'engager le public à partager avec les scientifiques les produits de la connaissance. Depuis le XIXe siècle, la diffusion de la science a été portée par

[17] Raichswarg D. et Jacques J., 1991, *Savants et ignorants : une histoire de la vulgarisation*, Paris, Le Seuil.

l'instauration de l'éducation scolaire généralisée et par une culture continue de la vulgarisation de ses grandes avancées. Mais un tel modèle ne peut plus satisfaire les attentes d'aujourd'hui. Au cours du siècle passé, des scientifiques de haut rang, tels Carl Sagan, Hubert Reeves ou Stephen Jay Gould, ont été célébrés aussi pour leurs talents de vulgarisateurs. Cependant, une étude effectuée par la Royal Society de Londres auprès de 1 500 scientifiques britanniques et publiée en juin 2006[18] montre qu'un quart d'entre eux considère la vulgarisation et la communication avec le public comme des activités ayant un impact négatif sur leur évolution professionnelle[19] et qu'elles sont le plus souvent pratiquées par ceux qui ne sont pas « dignes d'une carrière académique ». Ce qui n'a pas empêché les trois-quarts d'entre eux d'y consacrer une (petite) partie de leur temps au cours de l'année écoulée.

Cette contradiction entre les discours et la réalité du terrain contribue à expliquer l'effervescence actuelle. Mais en partie seulement. Des raisons supplémentaires proviennent des deux côtés de l'équation science – société.

D'une part, les scientifiques ont redécouvert l'importance de la communication vers l'extérieur après l'avoir reléguée au rayon des activités superflues et peu sérieuses, parallèlement à l'institutionnalisation et à la professionnalisation de la recherche qui s'est développée à partir du XIXe siècle. À tort, les scientifiques ont cru pouvoir s'accaparer le moyen d'influencer le regard que porte le public sur la science et ses applications. Ce regard n'a pas fondamentalement changé au cours des dernières années. Ce qui a changé, c'est l'impression que se font les scientifiques de ce regard, qui, d'après eux, aurait évolué. Alors que l'opinion européenne est très largement favorable aux développements de

---

[18] The Royal Society, *Science communication – Survey of factors affecting science communication by scientists and engineers*, http://www.royalsoc.ac.uk/downloaddoc.asp ?id=3074

[19] Alors même que le Royaume-Uni est sans doute le pays européen qui possède la plus longue tradition et une véritable culture de l'information et de la communication scientifique.

la science et la technologie, une partie importante du corps scientifique considère que, au-delà de certains progrès scientifiques, pour ainsi dire soumis à la question par les citoyens, le public méconnaît fondamentalement la science et l'activité (du) scientifique. Organismes industriellement tripotés, cellules... louches : ces avancées scientifiques et techniques qui « passent mal » dans le public ne seraient que la partie émergée et médiatisée d'une opinion publique gagnée par le doute, sinon par le rejet. La communication gagne désormais à être vue comme une activité essentielle pour rétablir la confiance dans la science.

D'autre part, les scientifiques ont pris conscience de la double difficulté de cette entreprise de communication. Double, car il y a d'abord une difficulté intrinsèque, liée au fait que l'on ne s'improvise pas vulgarisateur ou communicateur. Certains scientifiques clament haut et fort qu'ils n'ont pas été formés pour cela – ce qui est acceptable – et que ce n'est pas à eux de faire ce travail – ce qui est contestable.

Par ailleurs, une difficulté de communiquer de la science vient de la technoscience elle-même, de son rôle dans notre société et de la place qu'occupent les chercheurs dans celle-ci. L'évolution de la technoscience et le statut – ou l'absence de statut – des chercheurs compliquent fortement la communication de la science. Il ne suffit plus de compter sur le talent et la bonne volonté de quelques scientifiques vulgarisateurs. En décembre 1919, lorsque deux éclipses solaires ont confirmé la théorie de la relativité généralisée d'Einstein, le célèbre physicien a pu se permettre l'assertion suivante : « Il n'y a probablement pas plus d'une douzaine de personnes dans le monde qui pourraient comprendre ma théorie »[20]. Un nombre croissant de scientifiques peut aujourd'hui tenir des propos similaires. Mais les temps ont changé. Et avec eux, les motivations et les objectifs des scientifiques, ainsi que les attentes de la société. Toute avancée scientifique et surtout technologique n'est plus automatiquement accueillie à bras ouverts par le public.

[20] *In* : Pais A., *Subtle is the Lord : the science and life of Albert Einstein*, New York, Oxford University Press, 1982 (p. 309).

D'où la tendance récente à la médiation, voire à la professionnalisation, de la communication réalisée de plus en plus souvent par l'intervention de tierces personnes, dont la mission est d'établir un lien entre la communauté scientifique et le public non spécialisé. Parce qu'ils reconnaissent les difficultés de la communication de la science, les scientifiques apprécient aujourd'hui de plus en plus, et de plus en plus ouvertement, le travail et l'utilité des chargés de communication et attachés de presse dans la plupart des grandes organisations de recherche[21]. Ce n'est pas étranger au fait que cette activité regagne progressivement ses lettres de noblesse (par exemple, la Commission européenne, à la suite de nombreuses autres organisations, a décerné pendant plusieurs années les prix Descartes de la communication de la science).

Nous allons montrer plus loin, exemples à l'appui, que la communication de la science n'est pas chose aisée à l'heure actuelle. Et qu'elle est même pratiquement impossible dans une société cloisonnée et médiatisée qui donne la primeur, non à la technoscience en tant que telle, mais à l'« hyperformance » chiffrée et au contexte de crise latente qu'entretiennent les nombreuses affaires à dimension scientifique et l'introduction de technologies controversées. Dépassée par le présent et inquiète de l'avenir, la société exige en retour davantage de transparence, d'explication, d'anticipation et d'écoute. L'époque est définitivement révolue d'une science qui se suffisait à elle-même, le poids du *lobby* techno-industriel faisant le reste en forçant l'adhésion automatique du public aux avancées dans ce domaine.

Outre la tendance générale des développements technoscientifiques à toujours gagner en puissance et en précision, quatre grandes caractéristiques paraissent résumer l'évolution de la technoscience contemporaine. Nous ne pouvons faire l'économie de les présenter brièvement ici car elles influencent à leur tour la façon dont la science est aujourd'hui communiquée.

---

[21] Dans l'étude de la Royal Society citée *supra*, 46 % des scientifiques s'estiment « mal équipés pour communiquer avec le public non spécialisé ».

La recherche instrumentalisée

La première tendance lourde de ces dernières décennies tient à une « instrumentalisation » croissante de la technoscience, de plus en plus soumise à des objectifs industriels, stratégiques, voire politiques. Avec, comme conséquence, le recul de la recherche au profit du développement, la valorisation du « faire » au détriment du « savoir » et le fait que l'activité scientifique, de nos jours, soit devenue essentiellement technique. Presque complètement soumise à la résolution de problèmes pratiques, voire contingents, la recherche s'est – ou a été – détournée pour une large part de la contemplation et de la compréhension des phénomènes naturels. La technoscience a été phagocytée par le complexe militaro-industriel : de nombreux projets de haute technologie – de certaines missions spatiales au projet mort-né de la centrale Superphénix en France – ont eu pour but principal de servir de formidables (et coûteuses) vitrines technologiques pour les pays qui les ont entrepris. Scientifiques et citoyens devraient une fois pour toutes prendre acte de cette dimension stratégique et politique de la recherche dans la société et reléguer au placard le « mythe scientifique », à savoir l'image traditionnelle d'un savant dévoué et désintéressé, œuvrant pour le seul bien de l'humanité, mythe qui donne lieu à des contresciences regrettables autant que redoutables[22].

Nous tendons vers ce que l'on pourrait appeler l'horizon zéro du progrès technique, à savoir le fait que bon nombre de développements contemporains ne concernent que des cercles restreints d'utilisateurs ou n'ont qu'un impact anecdotique. La société valorise moins les travaux de portée fondamentale (la découverte des lois et des composants de l'Univers par exemple) que les préoccupations très ponctuelles (la mise au point d'un nouveau traitement, d'une nouvelle molécule). Plusieurs cas récents nous incitent en effet à distinguer progrès et innovation. Un exemple particulièrement frappant est le cas de l'industrie pharmaceutique :

---

[22] D'aucuns établissent ainsi un lien direct entre le développement technoscientifique et le mouvement – l'explosion, pourrait-on écrire – parascientifique.

de nombreuses molécules mises sur le marché ne démontrent pas d'effet thérapeutique notable. Ces substances qu'on hésite à qualifier de médicaments servent à traiter des gens qui ne sont pas malades. Une étude des principaux médicaments commercialisés en France a par exemple permis de conclure que près d'un quart d'entre eux, parmi lesquels figurent certains des plus prescrits, n'ont fait la preuve d'aucune efficacité[23]. La pharmacie est un secteur où un nombre croissant de médicaments ciblent essentiellement une population de gens en bonne santé ou qui semblent l'être (il s'agit par exemple d'atténuer les symptômes de telle ou telle maladie, d'améliorer le sentiment de bien-être, de permettre la perte de poids, etc.). Depuis les années 1980, le médicament a perdu son statut et sa référence à une maladie et à un traitement[24]. Ces tendances lourdes participent à la mise sur le marché de « médicaments de confort » et contribuent au développement d'une véritable culture de la drogue dans notre société. Fréquemment cité dans le milieu sportif, le dopage a gagné le monde du travail. C'est ce que Jérôme Goffette a appelé l'« anthropotechnie » : la transformation médicale de l'humain à des fins de performance, d'esthétique, de modulation de l'humeur, etc.[25]

L'espace est un autre bon exemple de vitrine technologique. Lorsque l'astronaute, reconverti sénateur, John Glenn est retourné dans l'espace en octobre 1998 à l'âge de 77 ans, la Nasa n'a pas ménagé ses efforts et ses dollars[26] pour convaincre le citoyen-payeur que cette mission devait permettre d'étudier scientifiquement certains mécanismes du vieillissement. Il était clair qu'elle n'était que l'une des composantes d'un vaste plan de marketing qui devait

---

[23] *Le Monde*, 7 août 1999.

[24] Le Prozac a été la substance emblématique de cette évolution : cet antidépresseur est rapidement devenu à la mode et séduit aujourd'hui un nombre d'utilisateurs bien supérieur à celui des personnes cliniquement déprimées.

[25] Goffette J., 2006, *Naissance de l'anthropotechnie. De la médecine au modelage de l'humain*, Paris, Vrin.

[26] La Nasa est souvent décrite comme la « plus grosse agence de communication » du monde.

aider la Nasa à vendre sa station spatiale internationale, toujours en construction. Dont l'objectif ultime n'a pas grand-chose à voir avec la science fondamentale. Dès 1982, un rapport remis par un groupe de chercheurs et d'experts à l'administrateur de la Nasa de l'époque, Jim Beggs, avait conclu que la construction d'une station spatiale à vocation scientifique ne se justifiait pas[27].

Cette instrumentalisation de la recherche influence bien évidemment sa politique de communication. Selon l'étude de la Royal Society déjà citée, les scientifiques britanniques reconnaissent que les pressions du système de la recherche les détournent de la communication : les deux tiers déclarent avoir besoin de consacrer plus de temps à la recherche et, pour près de la moitié d'entre eux, à la recherche de financements. Lorsqu'ils sont impliqués dans des projets internationaux, les grands groupes industriels sont réticents à diffuser leurs procédés et résultats techniques et maintiennent ainsi au secret de précieux savoirs. Le savoir-faire passe avant le faire savoir…

Et Dieu mondialisa la technique

La deuxième tendance majeure de l'évolution scientifique contemporaine est l'interconnexion des techniques et le développement de multiples réseaux de taille mondiale. Toute nouvelle innovation, en raison notamment de la formidable mise en réseau mondialisée des techniques, peut désormais générer des effets négatifs, imprévus et même imprévisibles. Une nouveauté perçue ici comme une progression évidente sera peut-être vécue là-bas comme une régression, sinon un danger manifeste. Le paratonnerre de Benjamin Franklin n'avait qu'un impact local et bien déterminé ; les techniques contemporaines ont des conséquences globales et de moins en moins cernées. Les terroristes utilisent des technologies très répandues et très bon marché dans le monde occidental qui peuvent aussi devenir dangereusement efficaces dans une entreprise de dévastation. En assurant une emprise toujours croissante sur le présent, les technosciences ne nous offrent qu'une

---

[27] *Science*, 1999, vol. 284, p. 1106.

prise limitée sur notre avenir. C'est là l'un des paradoxes de notre époque : la puissance opérationnelle des technosciences contraste « violemment » avec la relative impuissance de l'homme à gérer leur développement (Jonas, 1990).

Cette évolution conduit les sociétés modernes à surestimer la contribution des technosciences aux problèmes réels et, en même temps, à sous-estimer leur apport potentiel à la société, à l'échelon individuel comme au niveau institutionnel.

Elle fait que, de plus en plus, les techniques doivent être vues comme des réseaux. Une panoplie de réseaux et des réseaux de réseaux sous-tendent aujourd'hui l'activité économique des pays industrialisés. Cette influence déborde largement du cadre économique : la plupart des activités humaines passent aujourd'hui par l'intégration dans des réseaux spécifiques, un phénomène que Ellul avait déjà mis en évidence dès 1977 et qui se retrouve tout entier dans son concept de système technicien.

Dans un système où les techniques sont pratiquement toutes interconnectées, les problèmes se propagent très rapidement et surgissent parfois là où on ne les attendait pas et là où on ne devrait pas les attendre. Ce sont par exemple des erreurs dans des logiciels informatiques qui paralysent le central téléphonique d'une grande ville, empêchant de répondre aux appels d'urgence, ou une panne d'ordinateur qui bloque les guichets électroniques de toute une région, entraînant ainsi une « période d'abstinence » et, du coup, une réduction du chiffre d'affaires des commerçants, ou encore un agriculteur qui coupe par mégarde les fibres optiques reliant les aéroports du pays et contraint ceux-ci à une fermeture temporaire…

Papillons et catastrophes

Nous pouvons transposer au domaine technique la métaphore du papillon, suggérée en 1979 par le météorologue Edward Lorenz[28].

---

[28] Dans un article intitulé « Le battement d'ailes d'un papillon au Brésil peut-il déclencher une tornade au Texas ? », Lorenz expliquait qu'une modification même imperceptible des conditions initiales de certains systèmes dynamiques complexes est susceptible de transformer radicalement l'évolution de ceux-ci.

Cette image est utilisée aujourd'hui pour illustrer le comportement des systèmes chaotiques, qui se caractérisent notamment par une hypersensibilité aux conditions initiales. L'atmosphère terrestre est un bon exemple de système hyper-réactif qui peut, sous certaines conditions, adopter un comportement chaotique, ce qui rend les prévisions impossibles au-delà d'un certain « horizon ». Par conséquent, une perturbation très locale, un battement d'ailes de papillon à la limite, peut déclencher une tempête à plusieurs centaines de kilomètres de là. Pareil avec la technique moderne : une erreur ici ou un problème là peuvent entraîner des conséquences dans des régions ou des secteurs parfois fort éloignés, parfois des années plus tard.

Le fameux « bogue de l'an 2000 » fut une illustration remarquable de cet « effet papillon ». Une bourde stupide en réalité, qui n'aurait jamais dû se produire si les informaticiens du siècle passé n'avaient pas codé dans leurs logiciels les années au moyen de deux chiffres au lieu de quatre afin d'économiser la précieuse mémoire des ordinateurs de l'époque (l'année 1999 était ainsi représentée par le nombre 99). Quelques années avant le changement de siècle, les informaticiens ont découvert, avec un décalage quelque peu étonnant, voire suspect, que, sans un examen attentif des matériels et logiciels utilisés, de graves dysfonctionnements informatiques étaient susceptibles de se produire lors du passage à l'an 2000. En effet, dans ce système de codage à deux chiffres, l'année 2000 devenait « 00 », identique donc à l'année 1900. Nul besoin d'être lauréat de la Médaille Fields pour comprendre que cette situation allait poser des problèmes cocasses mais aussi potentiellement dangereux. Le cas s'est par exemple présenté de personnes qui, ayant rapporté en janvier 2000 un livre emprunté fin 1999, se sont vu réclamer des indemnités de retard de plusieurs milliers d'euros. L'ordinateur avait estimé la durée du prêt en calculant la différence entre le moment de remise et la date de l'emprunt (soit 99-0) et comptabilisé près d'un siècle de lecture... On aurait pu se contenter d'en rire si ce n'est qu'à notre époque pratiquement tous les secteurs de la société et de l'économic sont captifs de l'informatique.

L'inquiétude a atteint son paroxysme au cours de l'année 1999, avec la prolifération de scénarios catastrophes avancés par les oracles informatiques, comme le cas d'avions cloués au sol ou s'écrasant quelque part, d'ascenseurs tombant en panne, de cartes de crédit ne fonctionnant plus, etc. Aux États-Unis, la vente des armes à feu avait augmenté de près de 50 % en 1999, notamment en raison de la peur de se retrouver sans protection (électronique) face à des agresseurs. Un Américain, de peur de se retrouver démuni au 1er janvier 2000, avait stocké plusieurs bonbonnes de gaz, 1 200 litres d'eau minérale, des boîtes de conserve, des sacs de riz et 1 500 rouleaux de papier hygiénique… Et ce qui devait arriver arriva : le tout explosa et partit en fumée – sauf l'angoissé qui ne fut que légèrement blessé. Une anecdote qui rappelle un phénomène bien connu dans le secteur du risque technologique : les erreurs sont plus souvent le fait des hommes que des machines… Dans les derniers jours précédant l'an 2000 et malgré les précautions prises, la crainte était toujours très vive de voir des dysfonctionnements majeurs surgir le 31 décembre à minuit dans les grands systèmes informatiques, qui auraient entraîné des conséquences catastrophiques pour les utilisateurs et pour les citoyens.

Notons bien que ce bogue aurait pu être évité, même en maintenant le système de codage des années au moyen de deux chiffres[29]. Pour écrire un nombre comme l'année 1999, par exemple, il faut soit 2 octets (16 bits) ou bien ne coder que ses deux derniers chiffres (ce qui permet, en effet, de n'utiliser qu'un octet et donc de libérer de la mémoire). C'est cette option qui a été choisie pour coder les dates dans les ordinateurs des premières générations. Mais on aurait très bien pu décider de coder les années sous forme de deux chiffres en comptant à

[29] Comme on le sait, les mémoires de la plupart des ordinateurs sont organisées en octets (*bytes* pour les Anglo-Saxons), c'est-à-dire en groupes de 8 bits qui, chacun, peuvent prendre la valeur 0 ou 1. Huit bits permettent d'écrire n'importe quel nombre décimal compris entre 0 et 255, au moyen d'une suite de 0 et de 1. Zéro s'écrit ainsi « 00000000 », un « 00000001 », jusqu'à 255 qui est représenté par « 11111111 ».

partir, mettons, de l'année 1950 (le premier ordinateur date de 1948) : 1951 aurait ainsi été l'année « 1 » dans cette nouvelle base, 1999 aurait ainsi été codée comme l'année « 49 » dans cette nouvelle échelle (mais l'utilisateur moyen n'aurait pas vu la différence : la date apparaissant sur l'écran aurait été 1999). Ce qui nous aurait conduits, sans problème, jusqu'à l'année 2045 (1950 + 99). On peut croire que, d'ici là, une transition « en douceur » eût pu être ménagée. L'histoire est révélatrice de la vision à court terme qui a caractérisé les générations d'informaticiens qui se sont succédé depuis 1948. Loin d'être une spécificité des milieux électroniques, n'est-ce pas une attitude commune dans le monde de la haute technologie ?

Comme on l'a observé, les simplifications informatiques, adoptées par les sociétés productrices de matériels et de logiciels, ont entraîné des complications planétaires. De nombreuses organisations – des administrations aux sociétés multinationales en passant par les PME – ont dû entreprendre le toilettage de millions de lignes de programmes écrites au cours de la seconde moitié du siècle. Le principal problème était que personne ne semblait être en mesure d'évaluer l'ampleur du problème. Une belle illustration de la métaphore du papillon…

Au total, selon les meilleures estimations, quelque 100 milliards d'euros auraient été dépensés dans le monde entier pour corriger les effets du bogue de l'an 2000. Comme on le sait, les manifestations du bogue ont été tellement discrètes que cela a paru suspect aux yeux de plus d'un. Il y a bien eu des clients taxés de pertes de mémoire, des distributeurs de billets qui se sont enrayés çà et là, une carte de Météo France affichant la situation au « 1er janvier 19100 » mais guère plus. Le risque n'a-t-il donc pas été surestimé ? Les responsables informatiques auraient-ils cédé à la panique, voire fomenté un vaste complot ? Cela paraît à la fois improbable et injuste. Improbable : parce que le danger était bien réel et que, informatique aidant, nous avons déjà tous été victimes de bogues électroniques et en incapacité de travail pour cause d'ordinateur. Injuste : peut-on accuser les informaticiens d'avoir, en quelque sorte, trop bien rempli leur mission ?

L'histoire de ce bogue montre de façon éclatante à quel point les techniques sont aujourd'hui fortement interconnectées. Et cette interconnexion est à l'origine d'une imprévisibilité fondamentale de la technique. Alors que le problème était, au départ, relativement simple (transformer le comptage des années de deux à quatre chiffres), les différences constatées dans les analyses et diagnostics ont révélé un inquiétant manque de contrôle. D'un côté, des déclarations qui minimisaient l'ampleur du problème, de l'autre des augures de catastrophes. Plusieurs économistes avaient même prédit pour l'an 2000 une importante récession mondiale. Mais le malheur des uns faisant toujours le bonheur des autres, il s'est également produit, dans les pays industrialisés, des recrutements massifs d'informaticiens. De nombreuses entreprises du secteur ont donc connu une progression de leur chiffre d'affaires à... deux chiffres (8 bits). La technique a bel et bien échappé à notre contrôle, du moins au sens où il n'existe pas de complète maîtrise et d'anticipation sans faille.

L'idée que les réseaux modifient fondamentalement le fonctionnement de la société a été développée notamment par Manuel Castells dans sa trilogie consacrée à l'ère de l'information[30]. Sa thèse principale est que l'état social contemporain est défini par un nouveau mode de développement, qui remplace les deux modes antérieurs (agraire, puis industriel) et qu'il qualifie d'informationnel. Le mode de développement informationnel prend donc, dans l'univers conceptuel de la sociologie, la place de la société postindustrielle. Castells distingue dans ce contexte « mondialisation » et « globalisation », la première traduisant un processus d'expansion et la seconde une situation dans laquelle les éléments de la société ont des effets à l'échelle planétaire. Rappelons aussi que la mondialisation de la technique est consubstantielle, mais aussi antérieure à celle de l'économie.

Nous vivons désormais dans un monde d'interactions, un monde complexe et riche de controverses – donc de conflits – qui font

---

[30] Castells M., 1998, *L'ère de l'information* : *La société en réseaux*, Fayard et 1999, *Le pouvoir de l'identité* et *Fin de millénaire*, Fayard.

que l'avenir se décline en une multitude de scénarios possibles et que notre société fonctionne en mode chaotique, au propre comme au figuré.

La fin de la science ?

La troisième tendance de l'évolution actuelle de la technoscience comprend l'accélération, entreprise au siècle passé, du découpage de la science en une multitude de disciplines qui ont développé leurs propres outils, des langages spécifiques et des communautés autonomes. Le champ de la connaissance a été découpé en une multitude de parcelles cloisonnées ! Il s'est produit au cours du siècle passé une formidable balkanisation du savoir qui constitue un frein à la pollinisation croisée des domaines de la recherche et à la conquête de *terrae incognita*.

Au-delà de sa dimension épistémologique, cette évolution a également des conséquences sociales et pratiques. En structurant la communauté scientifique en un ensemble de tribus relativement indépendantes (et, dans certains cas, rivales) plutôt qu'en une collectivité soudée, la fragmentation des recherches a créé une limite au contrôle que cette communauté peut prétendre exercer sur ses propres développements. Au cours des dernières années, plusieurs affaires, de l'agnelle Dolly au clonage reproductif en passant par les nanotechnologies, nous l'ont rappelé. Ce que le public perçoit comme une découverte est le plus souvent l'aboutissement de recherches en cours largement ignorées du grand public. Et ce n'est pas seulement lui qui est chaque fois pris de court puisqu'on voit également, à de telles occasions, les milieux scientifiques, médicaux, régulateurs et politiques enclencher en urgence une série d'initiatives et prises de position pour encadrer ces recherches. Comment ne pas voir dans cette tardive prise de conscience la conséquence de la division de la science et de la société en secteurs pratiquement étanches les uns aux autres ? Cette évolution hypothèque fortement les chances pour la société de s'approprier le processus de l'innovation et d'exercer un contrôle sur le développement des technosciencces.

Il reste bien évidemment que cette fragmentation de la connaissance offre des avantages pratiques, notamment sur le plan opérationnel. Mais elle brouille l'appréhension du monde et limite la compréhension du réel. La science, forgeant notre système de pensée, qui imprègne à son tour l'enseignement de l'école primaire à l'université, morcelle la réalité et rend les esprits incapables de relier les savoirs. Les conséquences pratiques en sont considérables, par exemple dans le cas des politiques d'infrastructures, qui négligent trop souvent l'environnement social et humain et contribuent à déposséder les citoyens des décisions politiques au profit des experts.

Ce mouvement général que nous désignons par l'expression « fin de la science », dont les bases sont à la fois épistémologiques et pratiques, est aussi à l'origine d'un isolement de la science et d'une distance, voire d'une coupure avec le monde réel. Une situation qui explique aussi, au moins en partie, les difficultés ou les obstacles qui s'observent dans un certain nombre de domaines scientifiques. Dans le cas de la recherche sur le cancer, malgré les efforts considérables consacrés depuis plusieurs décennies et les annonces encourageantes qui sont publiées régulièrement, nous ne possédons toujours pas de compréhension globale de la pathologie – ni *a fortiori* de traitement complet. Pareille constatation peut être faite dans le domaine technique : dans le cas de la fusion thermonucléaire par exemple, les échéances ont été sans cesse repoussées. Alors que les premières expériences permettaient d'entrevoir une solution à l'horizon de la fin du siècle passé, on sait aujourd'hui que la production soutenue, sur Terre, d'énergie par des réactions de fusion nucléaire contrôlées ne sera possible au plus tôt que vers 2030 lorsque le réacteur expérimental ITER, dont la construction a commencé à Cadarache, sera pleinement opérationnel. Certes, dans le cas de la recherche sur le cancer comme dans celle de la fusion, les piétinements observés s'expliquent également par l'ampleur des problèmes posés et la complexité des techniques mises en œuvre. On ne peut toutefois exclure à ce stade qu'il y ait là (aussi) des butées épistémologiques fondamentales.

À cela s'ajoute le fait que les sciences s'imposent leur propre fin, leurs propres limites, et je dirais même leurs propres limitations car la notion de restriction semble ici importante. Ce que l'on a appelé « l'affaire Sokal » l'a illustré de façon caricaturale. L'article, comme on le sait, était un canular, bourré d'absurdités, de citations incompréhensibles (dont plusieurs attribuées à des penseurs français très connus aux États-Unis et c'est cela-même qui fut à l'origine de l'affaire dans sa dimension européenne), etc. Un tel canular signifie qu'il n'existe pratiquement plus personne capable de comprendre et de vérifier un texte qui aborde et confronte simultanément plusieurs disciplines scientifiques... En convoquant dans son pastiche plusieurs auteurs de la nouvelle sociologie des sciences, dont Bruno Latour, Sokal accusait implicitement cette dernière de fournir la matrice intellectuelle sur laquelle prospérait le relativisme culturel qu'il entendait dénoncer. Ce faisant, Sokal et Bricmont n'ont-ils pas pris le risque de jeter le bébé avec l'eau du bain ?

Sokal a montré qu'il faut se garder d'une confiance aveugle dans les revues internationales à comité de lecture ! De même que, corollaire immédiat, dans les évaluations établies sur la base de ces mêmes revues, il a aussi montré qu'une tentative de recomposer le miroir du réel à partir de ses fragments de connaissances peut passer à travers les mailles du filet et abuser le premier ou la première d'entre nous. La raison en est tout autant épistémologique que pratique : la parcellisation du champ de la connaissance s'accompagne de son morcellement en une multitude de « chasses gardées » et de baronnies dans lesquelles les scientifiques adoptent un comportement de propriétaire terrien, percevant par exemple le visiteur étranger comme un intrus. Ces comportements, du reste très humains, sont également un frein aux échanges et au rapprochement des savoirs, pourtant essentiels dans notre monde complexe.

Ô valeurs !

Quatrième et dernière grande caractéristique de la technoscience contemporaine : les confrontations de valeurs entre certains groupes humains qu'ont engendrées certaines de ses applications et implications. Les débats sur le clonage, les cellules souches, les nanotechnologies, les embryons, etc. possèdent au moins un point commun : ils conduisent tous, à un moment ou à un autre, à une confrontation de valeurs, qui explique une bonne partie des difficultés rencontrées.

Cette dimension n'est pas vraiment nouvelle puisque l'Histoire a été émaillée de maints exemples de travaux scientifiques influencés par des valeurs morales et religieuses – comme le fait de savoir si la Terre tourne autour du Soleil ou, plus récemment, si les scientifiques doivent travailler sur les armes nucléaires et autres. Néanmoins, il y a actuellement beaucoup plus de questions posées par les avancées technoscientifiques qui touchent aux valeurs et celles-ci ont un effet significatif sur les relations science-société. Parce qu'elles touchent à notre intimité la plus profonde, les recherches sur le clonage et les cellules souches par exemple soulèvent des oppositions fermes de la part de certains groupes humains. Il en est de même pour les travaux scientifiques concernant les orientations sexuelles, l'influence des facteurs génétiques ou de ceux liés à la création du monde ou, plus exactement, à l'évolution de l'Univers. La polémique actuelle sur l'enseignement de l'« *Intelligent Design* » (ID, en français « le dessein intelligent »), comme alternative à l'évolution des espèces dans les classes de science, a suscité un débat qui fait rage aux États-Unis et, dans une moindre mesure, en France[31].

Depuis plusieurs années, les affrontements entre créationnistes et évolutionnistes et entre partisans et opposants des recherches sur les embryons humains – pour ne citer qu'eux – occupent régulièrement les enceintes médiatiques. Ce qui est nouveau, c'est que ces échanges éclatent de plus en plus au sein de débats scientifiques. Or les chercheurs sont très mal préparés pour intervenir dans des discussions où croyances et incertitudes se disputent le terrain. Cela pose un problème majeur, en lien direct avec la communication de la science. Sans cesse animé par le doute et en perpétuelle liaison avec l'expérience, le scientifique est démuni dans le contexte d'un événement médiatique d'une grande portée.

---

[31] *Le Monde* du 2 septembre 2006.

L'information sous pression

Les tendances lourdes de la technoscience, dont on peut fixer l'origine en 1942 avec le projet Manhattan, ont évidemment des implications sur le plan de la communication. Celle de la science est, comme la science elle-même, morcelée et fragmentée. Le scientifique, face à un sujet hors de sa discipline, donc dans la plupart des cas, se trouve pratiquement dans la même situation qu'un citoyen éduqué. Il peut donner son opinion, qui sera peut-être très intéressante, mais qui n'est qu'une opinion parmi d'autres. Les disciplines scientifiques étant de plus en plus étriquées, un chercheur pressé par des journalistes d'aborder un problème lié à une application de la science peut être rapidement entraîné sur des voies qu'il aura peu sillonnées et vers des terrains qu'il n'aura pas défrichés. Je me demande sincèrement s'il est pertinent d'interroger un scientifique sur une question d'actualité. Les modèles et le travail des chercheurs sont parfois tellement éloignés du monde réel que ceux-ci ne sont pas nécessairement les mieux placés pour traiter de problèmes forcément complexes et multiformes. Je crois donc, pour cette raison notamment, que la science ne peut prétendre influencer directement la politique.

Par ailleurs, les pressions exercées aujourd'hui sur les chercheurs, victimes quelque part du succès de la technoscience et du climat général de compétition dans lequel nous vivons, se reflètent également dans leurs activités de communication. Les scientifiques regrettent de ne pas consacrer suffisamment de temps et de moyens à ces activités. Disons plus justement que d'autres activités sont plus importantes à leurs yeux, et surtout aux yeux de leur carrière... Le milieu scientifique est actuellement un environnement extrêmement compétitif, tant dans le monde académique que dans le secteur privé. La communication publique peut être dès lors bridée.

Les « résistants » de la science

Conséquence de l'instrumentalisation croissante de la technoscience, les activités de communication des chercheurs sont soumises aux objectifs et contraintes de l'organisation qui les emploie. Certains préfèrent ou doivent s'abstenir de publier et de breveter parce que ces démarches leur imposeraient de révéler à leurs concurrents un savoir-faire qui peut faire la différence et leur confère une longueur d'avance. Le cas est fréquent de chercheurs interdits de communication. En réaction, sont apparus dans le monde de la recherche des « empêcheurs de tourner en rond », ceux que Chateauraynaud et Torny appellent les « lanceurs d'alerte »[32].

Un lanceur d'alerte est au départ un (ou une) scientifique, ingénieur ou technicien dont le travail de recherche suscite un conflit entre ses engagements professionnels et sa conscience civique. Il (ou elle) est amené(e) à tirer la sonnette d'alarme lorsqu'il (ou elle) estime que ses recherches sont potentiellement nuisibles à la santé, l'environnement ou la société et s'exprime publiquement ou dans les médias au risque d'être victime de marginalisation, d'exclusion, voire de sanctions pénales. Des exemples récents montrent que le problème est bien réel. Car ces cas connus ne sont que la partie émergée de l'iceberg. C'est pourquoi l'idée d'instaurer, via le droit international du travail, une clause de conscience protégeant les « lanceurs d'alerte » fait son chemin dans le domaine de la recherche.

La science possède, traditionnellement, ses propres « garde-fous » sous forme de l'indispensable aval donné par la communauté scientifique elle-même à toute nouvelle avancée ou découverte. Cette fonction d'autocontrôle, qui s'exerce comme on l'a vu à travers le mécanisme du *peer review* donnant accès aux publications scientifiques reconnues, englobe la qualité du savoir et le respect de la déontologie entre chercheurs. Mais est-elle à même de prendre en compte tous les aspects humains et éthiques quant à l'impact des recherches sur la société ? La réponse est non.

Le 13 septembre 2001, reconnaissant que la science se trouve impliquée dans un processus de plus en plus complexe de production de connaissances et d'innovations – qui lui échappe pour une

---

[32] Chateauraynaud F. et Torny D, 1999, *Les Sombres Précurseurs. Une sociologie pragmatique de l'alerte et du risque,* Paris, EHESS.

grande part et qui requiert une vigilance accrue pour veiller au respect des principes de la déontologie et de la dignité humaine élémentaires – treize publications de renom, dont *The Lancet* et le *Journal of the American Medical Association*, ont publié un manifeste commun annonçant un durcissement de leurs règles de publication[33].

Mais qui sont donc ces « lanceurs d'alerte » (*whistleblowers* en anglais) ? Les uns le deviennent presque par inadvertance en diffusant des résultats validés sur des sujets sensibles. D'autres font le choix d'un engagement jusqu'au-boutiste : leur conscience de scientifique et de citoyen les incite à dénoncer un risque potentiel ou à persévérer dans une recherche « dérangeante » en dépit d'intimidations venues « d'en haut ». Tous sont victimes, à un moment donné, de mesures discriminatoires et coercitives plus ou moins graves. L'un d'entre eux est le biophysicien britannique d'origine hongroise Arpad Putzaï, suspendu de ses fonctions au Rowett Research Institute (Écosse), en 1998, pour avoir fait état à la télévision de ses doutes sur l'innocuité des pommes de terre génétiquement modifiées. En France, André Cicolella fut lui aussi un lanceur d'alerte. Ce spécialiste des éthers de glycol initia à l'Institut national de recherche et de sécurité (INRS), au début des années 1990, un programme de recherche ciblant les effets de ces substances sur la santé. Il mit sur pied un symposium international le 16 avril 1994 mais, une semaine avant qu'il ne se tienne, son contrat de travail fut rompu pour « faute grave ». En octobre 2000, après six années de procédure, la Cour de cassation le rétablit dans ses droits en reconnaissant le caractère abusif de son licenciement et reconnaît pour la première fois dans son arrêt la nécessité de garantir « l'indépendance due aux chercheurs », les employeurs devant quant à eux « exercer [leur] pouvoir hiérarchique dans le respect des responsabilités » qui leur sont confiées.

---

[33] Les chercheurs doivent désormais signer une déclaration détaillant la liste de leurs sponsors financiers et indiquer tout lien personnel ou familial susceptible d'interférer avec l'honnêteté des travaux. D'après le responsable d'un grand hôpital américain, 50 % des contrats soumis par les groupes pharmaceutiques comporteraient des clauses inacceptables.

Un autre cas médiatisé est celui de l'écotoxicologue argentin Guillermo Eguiazu, un scientifique de réputation internationale. Après avoir conduit des recherches sur l'impact des pesticides et autres composés chimiques en agriculture, Eguiazu s'est battu pendant plusieurs années pour que les résultats de ses travaux soient rendus publics, afin de protéger les consommateurs. Il a fait l'objet de répressions sévères au sein de son université. Son laboratoire et ses équipements ont été détruits par des inconnus et ses budgets ont été réduits.

Le sort de ces « résistants » n'est guère enviable. Ils bénéficient parfois des feux de la rampe médiatique avant de sombrer dans l'oubli. Qui connaît ou se souvient de l'ingénieur environnementaliste russe Alexandre Nikitin, du technicien nucléaire israélien Mordechai Vanunu, des médecins français Jean-Jacques Melet et Jean-François Viel et même de Guillermo Eguiazu[34] ? Souvent condamnés à la solitude face au pouvoir de leur institution ou de leur hiérarchie, ils sont dépourvus d'outils juridiques ou

[34] Alexandre Nikitin fut responsable des sous-marins à propulsion nucléaire dans la marine soviétique. Après avoir quitté son poste en 1985, il a fourni des informations précises sur les risques que représentent les sous-marins nucléaires russes déclassés. Il a été emprisonné en 1996 pour trahison et divulgation de secrets d'État. Mordechai Vanunu est un technicien nucléaire israélien qui a révélé l'existence de la centrale nucléaire de Dimona. Cette centrale est utilisée par l'État d'Israël pour la production d'armes nucléaires. Vanunu a été licencié, jugé et condamné à 18 ans de prison en 1988 pour trahison, espionnage et révélation de secrets d'État. Libéré en 2004, il a été recondamné en 2007 pour s'être exprimé publiquement. Le docteur Jean-Jacques Melet, médecin épidémiologiste de l'Hérault, s'est quant à lui suicidé le 31 août 2005. Il avait notamment mis en évidence les risques que représentent les amalgames dentaires au mercure pour la santé humaine et a milité pour leur interdiction. En 1997, Melet avait écopé d'un an d'interdiction d'exercice de la médecine pour « charlatanisme, médecine foraine, ordonnances non conformes et méthodes dangereuses non éprouvées ». Jean-François Viel a publié en 1997 une enquête sur les cas de leucémies d'enfants survenus aux alentours de l'usine de retraitement de déchets nucléaires de La Hague, constatant un excès significatif du nombre de ces cas par rapport aux régions « non nucléarisées ». Cette étude est régulièrement citée dans les débats sur le nucléaire.

législatifs suffisants pour se faire entendre, se défendre et faire valoir leurs droits.

Certes, les problèmes éthiques liés à l'avancement des sciences et des techniques sont aujourd'hui au centre de nombreux débats de société. Mais ces discussions doivent nécessairement être alimentées par l'expertise de ceux qui, au sein du système de production des connaissances, sont les mieux informés sur ces enjeux. Plusieurs associations militent pour garantir le droit à l'expression et l'absence de représailles sournoises pour ceux qui, de par leur activité professionnelle, sont amenés à « tirer l'alarme » face à certaines recherches et développements.

En 1974, l'Unesco adoptait une recommandation sur le statut des scientifiques stipulant que « Les États membres doivent chercher à favoriser des conditions telles que les chercheurs, avec le soutien des pouvoirs publics, aient la responsabilité et le droit [...] de s'exprimer librement sur la valeur humaine, sociale et écologique de certains projets, et en dernier ressort de se retirer de ces projets si leur conscience les y incite. » Mais cette protection ne suffit plus. Certains spécialistes prônent l'établissement d'une convention internationale dotée d'une valeur juridique.

En Europe, le Royaume-Uni joue le rôle de pionnier. Ce pays s'est doté d'une législation spécifique, le Public Interest Disclosure Act, qui s'applique à tous les employés, salariés ou non, du public et du privé, et concerne un grand nombre de situations – de la négligence aux risques pour la santé, ainsi que la sécurité et l'environnement. Il existe aux États-Unis un Whistleblower Protection Act qui concerne uniquement la recherche publique. Il permet aux scientifiques d'exercer leur liberté d'expression, parfois même lorsqu'elle va à l'encontre d'autres règles, telles des clauses de confidentialité.

De telles mesures semblent insuffisantes. Plusieurs scientifiques de renommée mondiale ont appelé à de nombreuses reprises à la responsabilité de leurs pairs. C'est le cas notamment de Joseph Rotblat, physicien nucléaire britannique d'origine polonaise, cofondateur du mouvement Pugwash (1957), prix Nobel de la Paix en 1995. Celui-ci insiste sur la nécessité de protéger les lanceurs d'alerte mais également d'élaborer un code éthique – une sorte de serment d'Hippocrate – pour les jeunes chercheurs.

Les tricheurs de la science

Les fraudes sont une autre manifestation des pressions qu'exerce le système de recherche actuel. La chute du chercheur coréen Hwang Woo-Suk l'a bien montré[35]. Plusieurs de ses résultats, salués par une partie de la communauté scientifique et surtout par les médias, se sont révélés être des faux. Le fait que ceux-ci aient été publiés en partie dans la prestigieuse revue *Science* n'est sans doute pas étranger à la chute du professeur. Manipulations et fraudes ne sont pas exceptionnelles dans la communauté scientifique. Au-delà du cas personnel, le scandale a mis en lumière les failles du système de production scientifique actuel : un article peut donc être scientifiquement correct et potentiellement biaisé[36]. Les financements généreux accordés au chercheur sud-coréen n'ont pas constitué non plus une assurance « tous risques »...

Il est à craindre que les pressions croissantes qui s'exercent sur les chercheurs – quête des crédits, actions de publicité et publication quasi-industrielle de résultats – ne multiplient de tels excès. Un tel scandale répand l'image erronée d'une science qui progresserait sans conscience. Et, comme souvent lors de dérives fortement médiatisées, des voix s'expriment pour accroître le contrôle de la recherche et des chercheurs. La confiance en la science et les scientifiques possède désormais un prix.

Une troisième caractéristique du système technoscientifique actuel vu sous l'angle de la communication est liée à l'évolution du rôle des chercheurs et de leur position dans la société. À notre

---

[35] Considéré comme un pionnier mondial du clonage animal et humain et, jusqu'au début de l'année 2006, comme nobélisable, ce médecin sud-coréen a dû démissionner en janvier 2006 de ses fonctions à l'université nationale de Séoul, une semaine après avoir demandé le retrait d'un article publié dans le journal américain *Science*.

[36] *Nature*, 2001, vol. 409, p. 119.

époque en effet, le scientifique porte au minimum trois casquettes : acteur de la recherche fondamentale (qui lui apporte sa crédibilité), chasseur de crédits (et à ce titre « employé » des pouvoirs politique et économique) et expert (participant aux travaux des autorités publiques sur des questions de société, comme la sécurité alimentaire, les applications des biotechnologies, etc.). De récentes affaires hyper-médiatisées l'ont bien montré : l'opinion publique, déroutée par la notion de controverse scientifique, ne fait pas la distinction entre le chercheur et l'expert, qui est souvent une seule et même personne. Cette multiplicité des rôles est source de confusion et de conflits (Roqueplo, 1997).

L'ambiguïté des experts

Au début 2007, l'ancien ministre Claude Allègre publiait un livre dont le titre est à lui seul tout un programme : *Ma vérité sur la planète*. Cet ouvrage fut le point d'orgue de la tempête médiatique qu'il avait déclenchée à la fin de l'année 2006 en relativisant dans l'une de ses chroniques publiées par *L'Express* l'ampleur du réchauffement climatique[37] et surtout en questionnant la réalité de l'influence humaine sur celui-ci. Dès le lendemain, de nombreux scientifiques s'exprimèrent sur le site de *L'Express* et sur différents blogs en expliquant que Claude Allègre avait confondu climat et météo et que l'article de *Science* démontrait exactement le contraire de ce qu'affirme l'ancien ministre. Quelques semaines plus tard, le 10 février 2007, était publié le cinquième rapport du Groupe intergouvernemental d'experts sur le climat (GIEC). Ce rapport, concluait, de façon formelle, que tous les symptômes d'un réchauffement climatique planétaire dû aux activités humaines sont bien réels et appelés inéluctablement à s'amplifier, beaucoup plus rapidement qu'on ne le pensait.

Ce qui a attiré à C. Allègre les foudres de la communauté scientifique, c'est d'avoir confondu climatologie et météorologie : « Je rappelle mes doutes sur la possibilité de prédire le climat à court, moyen ou long terme alors qu'on ne peut prédire le temps

[37] *L'Express* du 21 septembre 2006.

qu'il fera la semaine prochaine. » Le climat est une science de moyennes planétaires alors que la météo porte sur des événements très limités dans le temps et dans l'espace. Bref, c'est l'exemple même du discours de l'« expert » qui, aux frontières de la science, suppute et livre des interprétations personnelles, voire imprégnées d'idéologie.

En revanche, que doit penser le profane, qui fera sans doute de l'ouvrage une lecture au premier degré ? Il ne comprend pas que la science, comme le suggère le titre de l'ouvrage d'Allègre, puisse accommoder plusieurs vérités. Qui dit vrai ? Et qui dit vrai aussi ? Ces vérités ont-elles un sens ? En poussant la porte du relativisme, Allègre n'ajoute-t-il pas au constructivisme ambiant en laissant entendre qu'en science (aussi) on peut tout dire, et son contraire ?

On doit évoquer ici la distinction, subtile, entre chercheur et expert car elle est révélatrice des relations entre les scientifiques et les médias. Quand le scientifique X s'exprime à la télévision, qui parle ? Bénéfique à certains égards, le « cumul » des scientifiques n'est pas dénué d'effets secondaires. Est-il acceptable qu'un professeur d'université, payé par la société pour conduire sa charge à plein temps, soit aussi consultant d'entreprise et siège dans plusieurs comités d'experts ? Dans cet esprit, je préfère bannir le mot d'« expert » et utiliser à sa place celui de « conseiller ». La nuance me semble utile pour traduire les interactions triangulaires entre science, société et politique. En étant à la fois juges et parties, en développant des intérêts différents, sinon divergents, les chercheurs brouillent leur image et celle de la science ; ils diluent, voire annihilent leurs messages éventuels. Derrière les propos tenus par Claude Allègre sur le réchauffement planétaire, quel est le personnage qui s'exprimait ? Le scientifique géophysicien ? L'homme politique ? Le citoyen ? L'essayiste à succès ? Tous ?

Il est clair que cette confusion est parfois exploitée, inconsciemment au moins, par les responsables politiques lorsqu'ils se retranchent derrière les débats d'experts et se servent de la science comme d'un paravent. En réalité, politiques et scientifiques se tiennent par la barbichette. Avec un brin d'hypocrisie, les premiers légitiment leurs actions sur la base des (*in*)certitudes de la science ; les seconds dépendent du bon vouloir des premiers pour leurs financements et ne ratent pas une occasion pour rappeler que les décisions doivent reposer sur des données scientifiques solides.

Tant que les scientifiques n'adopteront pas un discours limpide et crédible sur ce qu'est la science et sur leur position personnelle, la situation actuelle, compte tenu du fait que la technoscience est encore trop souvent considérée comme la référence et la pensée uniques, donnera lieu à des messages divergents et brouillera la transmission ! En devenant ou en s'autoproclamant médecins de la planète, les scientifiques risquent d'apparaître comme les principaux responsables des problèmes de l'humanité, actuels et à venir, et de l'échec des traitements imposés.

Dans l'œil du cyclone

Des motivations diverses et parfois contradictoires sous-tendent les efforts entrepris par la communauté scientifique depuis plusieurs années. Ces ambiguïtés remontent jusqu'au système actuel de la recherche qui, d'un côté, limite les efforts de communication des chercheurs et, de l'autre côté, exerce des pressions sur ceux-ci pour s'investir davantage dans ces activités. Non qu'il faille y voir de sombres desseins ou des intentions sournoises. Nombreux sont les chercheurs qui arguent simplement que, la science étant aujourd'hui omniprésente dans nos vies quotidiennes, le citoyen doit posséder une bonne dose de culture scientifique. Il n'est certes pas indispensable de connaître par le menu le fonctionnement du magnétron et la technique des empreintes génétiques mais l'idée prévaut qu'une connaissance générale des développements et des applications de la science est souhaitable, fût-ce pour assurer une bonne, et surtout juste, appréciation de ces avancées par les citoyens. Le faible niveau de culture scientifique serait une porte ouverte aux propos des para-sciences et des charlatans. Ce sous-développement scientifique serait en partie responsable du déclin d'intérêt manifesté par les jeunes dans tous les pays industrialisés pour les études et les carrières scientifiques.

On remarquera que nombreux sont également les chercheurs qui estiment que promouvoir la communication de la science doit permettre d'améliorer les connaissances scientifiques du public qui, du coup, sera plus favorable à une augmentation des budgets consacrés par les autorités à la recherche. Implicite est surtout l'idée que des citoyens bien informés seront davantage réceptifs aux nouvelles technologies. Cette conception est très répandue dans la communauté scientifique. Nombreux sont encore les chercheurs qui affirment, par exemple, que l'opposition aux organismes génétiquement modifiés résulte d'une méconnaissance des notions scientifiques sous-jacentes chez la majeure partie de la population. En bref, le message est le suivant : initiez le public aux secrets de la transgénèse, et vous en ferez des adeptes des OGM…

La raison démocratique est également appelée à la rescousse. Les citoyens sont parfois appelés à prendre des décisions concernant de nouvelles technologies qui ont des implications et parfois des applications à long terme. Il peut paraître naturel de postuler que des citoyens – donc des politiques – formés et initiés aux grands sujets de la technoscience pourront prendre les bonnes décisions concernant les orientations et les applications de celle-ci. Une affirmation à prendre toutefois avec circonspection : l'enquête Eurobaromètre, réalisée par mes soins en 2001 pour la Commission européenne, a montré que le niveau de connaissance scientifique s'avère en moyenne non décisif dans l'opinion des Européens au sujet des OGM[38].

Dernier argument, plus récent, en faveur d'une promotion de la culture et du dialogue scientifique : le sentiment croissant que les relations entre les scientifiques et le public se sont fortement dégradées au cours de ces dernières années. Certains évoquent une rupture. Ils l'expliquent par le fait qu'une partie importante

---

[38] European Commission, 2001, Europeans, Science and Technology, *Eurobarometer* 55.2, Bruxelles. Voir aussi à ce sujet l'article de Bertil Sylvander et Marc Leusie dans *Économie Rurale*, 2001, 266, suggérant, en vue d'une solution durable aux crises, qu'il est plus important de faire évoluer les conceptions des citoyens que leurs attitudes et représentations.

de l'immense potentiel de la science et de la technique se situe à des années-lumière de distance des besoins et des aspirations des citoyens.

Les scientifiques, aujourd'hui, ne sont pas les seuls à être dans l'œil du cyclone. Des pressions croissantes s'exercent également sur les journalistes, les rédacteurs en chef et les producteurs, priés, notamment par les scientifiques, d'accorder plus de place à la science et la technique, de traiter ces matières avec plus de professionnalisme, d'être à la fois plus critiques et plus positifs. Les pressions montent de différents horizons, de la communauté scientifique au monde politique en passant par le « grand public », et poussent les chercheurs à communiquer plus et surtout mieux. Cette demande ressort clairement dans les enquêtes d'opinion européennes. Il ne fait aucun doute que ce mouvement d'ensemble devrait renforcer le dialogue avec la société et contribuer à intégrer ou, plus exactement, réintégrer la science dans la culture (problème qui est, selon mon expérience, beaucoup moins prégnant dans le monde anglo-saxon).

Éteindre les Lumières...

En 2004, la France a connu un mouvement de protestation des chercheurs d'une ampleur exceptionnelle et surprenante. Celui-ci a mis au jour les difficultés de la recherche française, et notamment les difficultés particulières qui pèsent sur les jeunes chercheurs. Très largement soutenue par la société civile, la déferlante de protestations a confirmé que des mesures sont urgemment nécessaires pour revaloriser les métiers de la recherche, tant au niveau du déroulement du doctorat que des débouchés et des carrières dans les secteurs public et privé. Des problèmes similaires affectent la plupart des pays européens, qui comptent un grand nombre de laboratoires paupérisés et de chercheurs précarisés, et où les gouvernements peinent à transcrire leurs engagements politiques dans les faits.

La société douterait-elle de la science, comme le prétend un ministre de l'Enseignement supérieur et de la Recherche : « Ce qui fait aujourd'hui défaut à la science française, [c'est] tout simplement la confiance.[39] » Ce n'est toutefois pas le message qui ressort des enquêtes d'opinion européennes (Commission européenne, 2005)[40], qui montrent que le public européen reste très optimiste à l'égard de la science et garde confiance dans la technoscience. Ainsi, 77 % de nos concitoyens estiment que la science et la technologie vont améliorer la qualité de la vie des générations futures. Mais la communauté scientifique se sent mal aimée des politiques, et exploitée aussi dès qu'une crise survient. Reconnue du public, mais critiquée de ne pas quitter sa tour d'ivoire. Utilisée par les médias, mais accusée de mauvaise communication, sinon de rétention d'information. Si l'opinion européenne croit toujours au progrès scientifique, les acteurs de ces recherches constatent aussi que de nombreuses percées effectuées au cours de ces dernières années et de nombreux progrès – réels ou présentés comme tels – sont médiatisés et portés sur la place publique autant pour leurs avantages supposés que pour leurs inconvénients redoutés – ou prouvés. Comment concilier la liberté de recherche avec le nécessaire contrôle de ses applications ?

Nous n'avons pas encore complètement tourné la page des Lumières. Si certains milieux sont prompts à mettre au jour la face sombre de la technologie, d'autres en revanche rechignent encore à l'idée que tout progrès possède un revers. Mais c'est bien une voie à double sens que trace notre destin technologique ! Ainsi en est-il par exemple des réseaux électroniques : célébrés dès leur installation par la communauté scientifique pour faciliter les échanges d'informations et l'accès au savoir, ils sont aussi critiqués par

---

[39] *Le Monde* du 20 septembre 2007.

[40] La Commission européenne effectue régulièrement ce type d'enquête afin de mesurer l'opinion des Européens sur la science et la technologie. L'enquête de 2005 a été réalisée simultanément dans 32 pays (les 27 États membres de l'Union plus la Croatie, l'Islande, la Norvège, la Suisse et la Turquie). Le but de ces enquêtes est de fournir des données de qualité à toute personne et toute organisation intéressées par la perception publique de la science et de la technologie. Les conclusions ainsi que les informations techniques sur les sondages sont disponibles sur le site Internet de la Commission européenne : http://ec.europa.eu/research/science-society/page_en.cfm ?id=3109.

les associations de consommateurs pour les débordements qu'ils semblent encourager et les menaces qu'ils représentent pour notre vie privée et notre sécurité[41]. Même chose, bien que dans un tout autre domaine, pour l'énergie nucléaire : largement accueillie hier par les décideurs pour les perspectives qu'elle offre potentiellement du point de vue de l'indépendance énergétique et de la lutte contre l'effet de serre, elle est aujourd'hui en recul, voire bannie, dans la plupart des pays européens suite notamment aux pressions exercées par les associations écologistes. Et alors que le génie génétique a révélé à l'industrie leur formidable potentiel pour la mise au point et la production de médicaments et autres substances à haute valeur ajoutée, les OGM font toujours l'objet, comme l'ont montré les enquêtes d'opinion européennes, d'une crainte, sinon d'un rejet, de la part des citoyens.

En filigrane de ces réactions contrastées, une constante : le futur inquiète. Autrefois, nos ancêtres se préoccupaient davantage des manifestations du temps présent et moins de l'avenir. Notre civilisation s'inquiète d'elle-même et de sa propre évolution, en raison notamment des conséquences de nos actes, que nous ne parvenons pas à maîtriser[42]. Le scénario catastrophe que les scientifiques redoutent par-dessus tout, c'est que les réactions face aux avancées de la science et aux nouvelles technologies – problèmes importants mais que l'on peut espérer circonscrits à des contextes relativement limités – ne soient les signes avant-coureurs d'un basculement radical et d'une crise beaucoup plus fondamentale. Les réactions de nos concitoyens à l'égard des OGM et de l'énergie nucléaire en particulier ne refléteraient pas un simple malaise vis-à-vis de la modernité en ce qu'elle a de plus frappant, à savoir la rapidité des changements en cours, mais traduiraient au contraire une véritable crise du progrès et annonceraient un vaste mouvement antiscience qui signifierait une remise en cause fondamentale du rôle de la science et de la

---

41 On sait par exemple qu'Internet est largement utilisé par les groupes terroristes pour communiquer entre eux.

42 Klein E., 2003, *La Science nous menace-t-elle ?*, Paris, Le Pommier.

technique dans nos sociétés. Rien n'indique, à l'heure actuelle, que ce scénario soit en marche.

Peut-on vraiment dire qu'il y a un malaise ? On ne peut, après tout, éliminer l'idée selon laquelle l'actuelle ferveur pour la communication publique de la science traduirait et accompagnerait des changements dans l'organisation et l'institutionnalisation de la science. Bernard Schiele a bien montré que la vulgarisation a constamment accompagné le développement de la science et en a favorisé la propagation[43]. Et que, depuis le XVIIIe siècle, pensée scientifique et pensée vulgarisatrice cheminent de concert. Le contexte général, toutefois, paraît aujourd'hui fondamentalement différent. Des critiques s'élèvent contre l'idéologie progressiste, renforcées par le sentiment que les techniques contemporaines, de plus en plus complexes et mettant en jeu des puissances toujours plus élevées, sont de moins en moins contrôlées. Bref, l'impression se dégage que la communauté scientifique prend aujourd'hui conscience de l'exigence énoncée quelque vingt années plus tôt par Schiele qui, constatant la reconsidération de la vulgarisation scientifique qui s'est manifestée depuis 1965 environ, avait écrit en 1983 : « Une politique scientifique repose d'abord et avant tout sur une politique de la communication scientifique ».

Les problèmes actuels viennent autant des conditions dans lesquelles les scientifiques travaillent aujourd'hui que des bouleversements qui ont modifié radicalement le statut et le métier de chercheur ainsi que la pratique de la science – de ses objectifs à ses modes de financement – depuis le début du siècle passé. Le malaise exprimé, notamment en France, par la communauté scientifique reflète l'évolution de la technoscience et la nécessité de changements institutionnels qu'elle appelle ou qu'elle impose. Dans ce contexte, le manque de communication publique de la science n'est pas responsable des difficultés et du malaise qui caractérisent aujourd'hui la communauté scientifique, mais il en constitue le symptôme.

---

[43] Schiele B., 1983, Enjeux cachés de la vulgarisation scientifique, *Communication-Information*, vol. V, n° 2-3.

L'incommunication de la science

« La pub fait surtout de la pub à la pub. »

Claude Brasseur

Petite Histoire (et petites histoires) de la « communication de la science ». Un rapide survol des travaux en académie et des pratiques sur le terrain donne un tableau assez noir : bilan scientifique mitigé et absence en Europe d'une véritable culture de communication publique de la science. Cette réticence à exposer la technoscience au débat traduirait-elle une habilitation à l'imposer sans discussion ?

Communiquer la science a-t-il un sens ? On ne peut faire l'économie de cette question. Car, somme toute, une théorie ou une équation scientifique ne fait pas l'objet d'une tractation ou d'un échange entre partisans et détracteurs. Elle est vraie ou ne l'est pas. Ou, plus exactement, elle est vérifiée ou non par l'expérience. Elle doit être testée mais non négociée. Elle peut faire l'objet d'une information, qui, elle, ne se communique pas (au sens relationnel du terme). En pratique, ce qu'on appelle la « communication publique de la science » est essentiellement une information, voir une « com » sur les applications et les inconnues de la science (plus rarement – et c'est d'ailleurs malheureux – sur les limites de cette dernière).

Les trois cercles

Posons d'abord une question essentielle : comment la science est-elle portée à la connaissance ? Comment le public s'informe-t-il des avancées scientifiques et techniques ?

La diffusion des résultats de la recherche scientifique se fait de cercle en cercle, où, comme les vibrations d'un objet jeté à l'eau, les circonférences s'élargissent en même temps qu'elles perdent de leur intensité et de leur précision. De scientifique à scientifique, le premier cercle concerne les pairs, car connaissance implique tout d'abord « re-connaissance », accordée aux travers d'incontournables publications, *Nature*, *Science* ou *The Lancet* où se consacrent les « découvertes ».

Vient ensuite le second cercle, celui où opèrent encore les scientifiques, à travers des ouvrages spécialisés, enseignements, colloques, conférences et travaux d'expertise divers qui orienteront des choix politiques ou présideront aux destinées d'une exposition. À la frange des lecteurs avertis et d'un public plus large, les scientifiques déploient également leurs idées sur Internet, où elles seront débattues, interprétées, voire interceptées.

Enfin, le troisième cercle, dont les chercheurs perdent la maîtrise. Après l'école, l'essentiel de la diffusion sociale des connaissances s'opère, directement ou non, par l'intermédiaire des médias de masse, et notamment via la télévision. Si des millions de personnes tentent d'apercevoir une éclipse ou une comète dans le ciel, c'est bien grâce à la médiatisation de l'événement. Les phénomènes astraux sont traditionnellement porteurs. Mais il en est bien d'autres qui sont passés sous silence. La science se vend quand elle fait référence à quelque chose d'inconnu ou de mystérieux tel qu'il en existe dans le domaine de l'espace, à un « miracle » de la technologie, à ce qui touche le quotidien des gens comme la santé, le vieillissement, l'alimentation. Le cercle des médias touche potentiellement le plus grand nombre de personnes. La durée de vie des informations publiées y est bien plus courte que dans les deux autres cercles. Et cette troisième onde ne fait pas toujours vibrer de bonheur les scientifiques…

Le monde de la « communication scientifique » est aujourd'hui en ébullition, à commencer par le secteur des publications scientifiques (le premier cercle). Les acteurs de l'édition ont été frappés de plein fouet par la révolution technologique et la transformation radicale des modes de fonctionnement qui ont séculairement régi la qualité, l'intégrité ainsi que l'accès aux connaissances. On doit aussi s'interroger sur l'impact que ces changements auront sur la science elle-même… Petit voyage dans un monde en effervescence, dominé par la langue anglaise et animé par des intérêts financiers colossaux. Le milliardaire britannique, Robert Maxwell, avait bâti sa fortune dans le champ des publications scientifiques et les éditeurs qui dominent le marché mondial sont aujourd'hui des empires multinationaux.

Qui, en termes de qualification, est bien placé pour expliquer au public les tenants et les aboutissants de la technoscience ? Le public européen accorde-t-il sa préférence à la voix des journalistes ou au poids des scientifiques ? Les enquêtes d'opinion (Commission européenne, 2005a) montrent que les citoyens sont prudents à cet égard. Ils reconnaissent aux scientifiques travaillant dans les institutions publiques – universités et centres de recherche censés œuvrer pour le bénéfice de la société – la plus grande crédibilité pour expliquer l'impact de la science et de la technologie, avec un taux de confiance de 52 %. Cette préférence relative l'emporte sur celle donnée aux chercheurs de l'industrie (28 %), dont les objectifs semblent sans doute répondre davantage aux souhaits de leurs commanditaires. Les Européens attendent donc d'abord des scientifiques qu'ils les informent des travaux en cours et, à n'en pas douter, des enjeux et des risques. À côté des acteurs de la recherche, les indices de fiabilité donnés à la télévision et à la presse écrite atteignent respectivement 32 % et 25 %. Les associations, environnementales et de consommateurs, recueillent respectivement 21 % et 16 %. Les groupes professionnels qui jouissent de la crédibilité la plus basse sont les industriels et les pouvoirs publics (6 %), les politiciens (5 %), les militaires et les représentants religieux (2 %). Notons cependant que près d'un Européen sur deux préfère discuter de ces questions avec un autre interlocuteur que le scientifique, probablement considéré ici comme juge et partie.

Le premier niveau est la pierre angulaire sans laquelle la marche en avant de la science est impossible. Prenant ses origines au XVIIIe siècle, les us et coutumes particuliers qui ont forgé la validation des savoirs ont avant tout pour but d'assurer une « garantie d'intégrité et de qualité » sous la forme d'un système assez unique de cooptation démocratique. Le *peer review* – la relecture par des pairs indépendants, habilités à donner leur *imprimatur* pour la publication dans les revues disciplinaires dites à comité de lecture – constitue la clé de voûte de la « communication » et même du fonctionnement de la science.

Au départ, l'édition de revues spécialisées a été développée par des acteurs issus de la communauté scientifique, ceux que les

Anglo-Saxons appellent les *learned publishers*, essentiellement dans les universités et les sociétés savantes. Autonome, cette filière fonctionne sur le principe du *not-for-profit* (but non lucratif). Mais derrière cette façade très britannique et très « *politically correct* », les éditeurs réalisent des bénéfices parfois très importants, qui sont, soit réinvestis dans les activités éditoriales (par exemple pour le développement de l'accès en ligne), soit utilisés pour le financement d'autres besoins et services des institutions académiques dont ils émanent.

Parallèlement, à partir du début du siècle dernier, des éditeurs professionnels se sont également développés sur le modèle commercial classique du *for-profit*. Quelques-uns ont acquis une ampleur considérable, tel le groupe hollandais Reed Elsevier. Ce géant est aujourd'hui le plus important éditeur scientifique, captant près d'un tiers du marché mondial. Quelques autres puissantes maisons commerciales, entrées il y a plusieurs décennies dans cette activité, comme Springer (Allemagne), Wolters Kluwer (Pays-Bas), Thomson Scientific (États-Unis), Blackwell Publishing et Taylor and Francis (tous deux basés au Royaume-Uni), détiennent les deux tiers de la diffusion mondiale des connaissances scientifiques, le solde étant composé des éditeurs fonctionnant sur le mode du *not-for-profit*.

La science se fonde sur un double principe d'universalité et de liberté d'initiative tant et si bien que les deux filières, *for-profit* et *not-for-profit*, ont jusqu'ici cohabité de façon feutrée. Celle à but non lucratif est principalement représentée et soutenue par l'ALPSP (Association of Learned and Professional Society Publishers), née au Royaume-Uni. Ses adhérents totalisent un ensemble de près de 8 000 revues. Les relations entre les éditeurs non commerciaux et privés sont certes concurrentielles mais ils partagent la même mission qui consiste à développer, sélectionner et faire connaître l'évolution du savoir en le rendant accessible à un maximum de scientifiques.

Le monde de l'édition est aujourd'hui ébranlé par deux phénomènes d'ordre différent. D'une part, sous l'effet de l'inflation de l'activité éditoriale et de son coût, liée à l'expansion des savoirs, se produit une régression du pouvoir d'achat des bibliothèques scientifiques publiques, des universités et des grands centres de recherche. D'autre part, la révolution numérique et Internet mettent en concurrence les supports écrits et informatiques et la facilité de l'accès en ligne constitue désormais un bouleversement fondamental de la gestion traditionnelle du savoir scientifique. En outre, depuis un peu moins d'une décennie, des groupes très actifs de chercheurs militent pour un accès non seulement libre, mais aussi gratuit. En dernier ressort, la conjonction d'une asphyxie économique et de la mutation numérique interpelle aussi les pouvoirs publics et, au-delà, la société. N'est-ce pas elle, en effet, qui fournit l'essentiel du « carburant financier » nécessaire à la science ? Et n'est-elle pas en droit de participer, en contrepartie, au débat sur cette nouvelle donne dans l'accès au savoir ?

Bon marché ?

Prises entre le marteau d'une augmentation du nombre des publications doublée d'une hausse continue des prix des abonnements et l'enclume des économies institutionnelles, les bibliothèques scientifiques ne cessent de lancer des signaux d'alarme. Tout en jaugeant les promesses de l'accès libre et gratuit (*open access*) et les bouleversements qu'il dessine dans la diffusion des connaissances.

Il existe dans le monde près de 16 000 revues scientifiques qui publient bon an mal an un bon million d'articles. Ce marché – car c'en est un – brasse, à l'échelle mondiale, une masse financière dépassant 20 milliards d'euros. Mais c'est un marché atypique. Financée par les budgets de recherche – largement publics – des institutions académiques et scientifiques, la « matière première » est en effet gratuite pour les éditeurs. Les auteurs ne touchent, dans la plupart des cas, pas de royalties pour leurs contributions, ce que les Anglo-Saxons résument par l'expression savoureuse d'« *author-free* ». Les utilisateurs finaux – les scientifiques pris individuellement – lisent également les revues gratuitement, car ce sont les bibliothèques de leurs institutions qui paient les souscriptions d'abonnement et qui sont *in fine*, dans la plupart des cas, imputées sur les budgets globalement disponibles pour leurs recherches.

Dans le contexte de cette gratuité alimentée aux deux extrêmes par les sommes que la société dédie à la science, les producteurs – c'est-à-dire les éditeurs, et en particulier les plus puissants d'entre eux – représentent le maillon intermédiaire qui gère et fait fonctionner cette filière. Animateurs et responsables du *peer review*, ils rendent un service indispensable sur le plan du contrôle de qualité et de la valeur de référence des données scientifiques. Et ils assurent une mission spécialisée de dissémination vers les cibles intéressées, garantissant aussi la couverture des besoins évolutifs des connaissances.

Mais, outre le fait que les éditeurs fructifient une matière qui leur est offerte sans contrepartie, ils jouissent en quelque sorte d'un marché « captif », basé sur une demande inélastique. Pour remplir leur mission auprès des chercheurs de leurs institutions, les bibliothécaires universitaires n'ont pas d'autre choix que de souscrire à un nombre de publications incontournables dans une très grande variété de disciplines[44]. C'est aussi un marché clos et quelque peu sélectif, où le processus de reconnaissance est long et difficile, ce qui ne favorise pas l'émergence de nouveaux éditeurs.

Le consensus sur le fonctionnement de ce marché, qui a vécu sans accrocs jusqu'à la fin du XXe siècle, est en train de se gripper. La « fronde » est partie des bibliothèques. Submergées par le nombre toujours croissant des revues – au Royaume-Uni, le nombre moyen de titres souscrits par les *public librairies* est passé en vingt ans de 4 000 à 6 500 titres – celles-ci sont aussi confrontées à une hausse continue des prix des souscriptions, estimée à 10 % par an. Dans un contexte général de diminution des investissements publics consacrés à la recherche, cette ascension des prix se heurte, au même moment, à une érosion sévère des budgets des bibliothèques. Le marché échappe à de réelles conditions de compétition. La pression au niveau des débouchés pour les éditeurs – qui

[44] L'importance d'une revue se mesure d'abord par la quantité de souscriptions qu'elle récolte. Mais ce renom lui-même s'appuie un critère de réussite plus immatériel, à savoir le nombre de citations qu'une revue engrange dans l'ensemble des articles édités dans sa discipline.

forment, pour les plus importants, un club assez fermé, chargé de gérer une diffusion de savoirs en croissance permanente – a un effet de *feed back* expliquant en partie la hausse des prix. La tension dans cette activité en vient à pénaliser, en définitive, le fonctionnement même de la science.

Big deals

Aujourd'hui, la plupart des abonnements à une revue scientifique couvrent aussi bien la version imprimée que son édition en ligne, que la très grande majorité des maisons offre désormais. L'accès numérique entraîne des coûts de transfert, d'installation et de mise à jour de logiciels, de maintenance et d'archivage. Malgré l'absence de normes établies, sa tarification est plus ou moins équivalente à celle des journaux imprimés.

Pour faire face aux difficultés des bibliothèques, les éditeurs ont instauré la pratique largement répandue de la souscription à meilleur prix par assortiments de titres ou « bouquets » (*bundles* en anglais, aussi désignés sous le label de « *big deal* »). Celle-ci leur permet de faire face à la croissance permanente de la production d'articles. Aujourd'hui, les prix des bouquets pour les souscriptions aux revues imprimées et/ou en ligne n'ont pas évolué à la même vitesse et l'on peut dire que les prix moyens par revue sont en réalité en baisse. Poussés à accepter ce genre d'opération par raison d'économies, certains bibliothécaires rechignent car ils estiment y perdre en liberté de choix. Les offres groupées ne couvrent pas nécessairement les besoins spécifiques des chercheurs de leur institution. Elles absorbent cependant une partie croissante des budgets d'achats, les obligeant à annuler d'autres abonnements, ce qui pénalise les éditeurs plus petits, parfois importants dans leur domaine, mais qui ne peuvent rivaliser en termes économiques.

Les éditeurs académiques font aujourd'hui valoir que leurs bénéfices (plantureux pour certains) ne sont pas distribués (uniquement) à leurs actionnaires mais (également) investis dans le système de recherche. Les maisons privées mettent aussi en avant leur souci d'assurer une couverture intégrale des besoins scientifiques en faisant une péréquation entre les revues « gagnantes » et « perdantes ». Ils soulignent qu'ils investissent dans le développement de la diffusion croissante des connaissances via Internet, ou hébergent certaines publications *not-for-profit* à faibles tirages pour lesquelles il existe des difficultés, de la part du monde académique, à produire et à gérer sans perte.

Mais la question de la hauteur des coûts et des marges usuellement pratiqués par les éditeurs est posée par la communauté scientifique et commence à l'être par les bailleurs des fonds publics en faveur de la recherche. Si personne ne remet en cause leur utilité, on s'interroge sur leur stratégie commerciale et sur l'envolée continue de leurs prix, en particulier en ce qui concerne l'accès en ligne. Sur ce dernier point, le monde de l'édition scientifique est, en effet, confronté à la concurrence de l'accès libre et gratuit qui recueille un soutien de plus en plus important dans la communauté des chercheurs.

La croisade de l'accès libre

Les « technologies de la communication » sont, dans leur essence, porteuses d'utopies… réalisables. Un « service universel » de la connaissance est en marche, mais il soulève au moins deux questions fondamentales. Premièrement, comment financer une gratuité dont les coûts sont bien réels ? Deuxièmement, compte tenu de ce que l'accès libre met à mal tout le système de régulation de la diffusion payante du savoir jusqu'ici assurée par le secteur de l'édition scientifique, comment gérer et garantir la fiabilité des connaissances disséminées à tous vents ?

Les tenants de l'*open access* présentent cette évolution comme inéluctable si l'objectif est en effet d'accroître la dissémination des connaissances dans la communauté scientifique, d'augmenter la « productivité » de la recherche et d'optimiser l'utilisation des fonds publics qui la financent. Ses partisans touchent une corde sensible en arguant que cet enjeu va bien au-delà de la science seule. Celui-ci s'inscrit en effet dans la mouvance « science et société », qui clame haut et fort que les progrès de la recherche ne doivent pas rester circonscrits aux enceintes scientifiques.

Plusieurs groupes d'intérêts soutiennent ce mouvement, comme les associations de défense des droits des patients. Mais, comme nous le verrons dans les pages qui suivent, il reste encore à convaincre l'ensemble de la société que notre système actuel de diffusion du savoir est un frein à la recherche et aux bénéfices que la société peut en retirer.

Sur le front du *lobbying* politique, les promoteurs de l'*open access* ont, depuis 2002, réussi à mobiliser l'intérêt croissant des institutions privées et publiques, nationales et internationales[45]. Sous la houlette de la Fondation Soros, s'est tenue cette année-là la « Budapest Open Access Initiative », à laquelle ont adhéré plus de 300 institutions des cinq continents. En octobre 2003, une vaste concertation à laquelle ont participé plusieurs organisations de recherche internationale – pour l'Europe, elles comptent parmi ses nombreux signataires les principales organisations de recherche telles que la Société Max Planck, les Fondations Fraunhofer et Helmholtz pour l'Allemagne, le CNRS, l'Inserm, l'Inra et l'Institut Pasteur pour la France, le Wellcome Trust pour le Royaume-Uni, etc. – a abouti à la « Déclaration de Berlin » sur la liberté d'accès aux connaissances scientifiques. Les signataires se sont engagés à promouvoir le libre accès, défini comme « une source universelle de la connaissance humaine et du patrimoine culturel ayant recueilli l'approbation de la communauté scientifique ». Ils affirment en outre que « nous remplissons imparfaitement notre

---

[45] Le mouvement en faveur de l'accès libre a été lancé en 1991 par des chercheurs travaillant dans le domaine de la physique des hautes énergies. Centré sur les développements de cette spécialité, le site d'accès en ligne gratuit ArXiv. org publie aujourd'hui quelque 3 500 articles par an qui intéressent près de 70 000 chercheurs dans le monde. PubliMed Central (PMC) est, pour sa part, une banque d'archives gratuite des revues de sciences de la vie, née aux États-Unis en 1999. Dans sa foulée, s'est créé BioMed Central, qui sert d'ombrelle d'accès gratuit à des revues de biomédecine. En 2003, apparaît Public Library of Science (PLOS), une vaste bibliothèque virtuelle dont le promoteur est Harold Varmus, spécialiste du cancer et prix Nobel, ancien directeur du National Institutes of Health américain et initiateur de PMC. Quelque 34 000 scientifiques de 180 pays ont apporté leur soutien à cette initiative. En biologie, médecine, génétique, bio-informatique, PLOS a commencé à développer ses propres revues ciblées.

mission de diffusion de la connaissance si l'information n'est pas mise rapidement et largement à la disposition de la société. »

Deux mois plus tard, le Sommet mondial de la Société de l'information (SSI), initié par l'ONU, s'est déclaré favorable à ce principe. La commission de la politique scientifique et technologique de l'OCDE a également adopté une position semblable en janvier 2004. En juin, un comité créé à l'initiative de la Chambre des Communes britannique a émis des critiques sur l'absence d'initiatives du gouvernement (auquel ce dernier n'a pas donné suite) et sur les professionnels de l'édition scientifique, dans un rapport intitulé « *Free for all* » ? qui prenait fait et cause pour l'universalité d'accès. Toujours au Royaume-Uni, l'un des pays les plus actifs sur le marché mondial de l'édition scientifique, la prise de position très argumentée des Research Councils (RCUK), réaffirmée en septembre 2005, a relancé le débat. En février 2007, la Commission européenne a adopté une note intitulée « L'information scientifique à l'ère numérique, accès, diffusion et conservation » afin d'initier un débat politique sur le système d'information scientifique. C'est dire si le sujet est désormais pris très au sérieux.

Mis en cause, les éditeurs sont venus s'expliquer devant les dirigeants européens. Mais le débat est faussé. En dépit de nombreuses références et prises de position en faveur du *free access*, les sites militants qui s'en réclament ne bénéficient que d'un succès mitigé et représentent à peine quelques pour-cents de la diffusion globale. Pour la bonne raison que ce sont les grandes maisons d'édition qui, à l'heure actuelle, recourent désormais de façon massive à la mise en ligne de leurs publications, grâce à une politique intensive d'investissement au fur et à mesure du développement électronique.

Des inégalités renforcées ?

La « croisade » pour l'accès gratuit soulève bien sûr une question fondamentale. Comment couvrir les coûts incontournables, et loin d'être négligeables, de développement et de mise à jour des services informatiques, ainsi que la gestion qualitative et matérielle de la diffusion des connaissances ? L'accès gratuit implique de facto le passage du modèle commercial classique du *reader-pay*, sur lequel a fonctionné la filière des publications scientifiques imprimées, à un autre système de financement. L'alternative la plus réaliste dans le contexte actuel consiste à inverser la prise en charge des coûts à la source, et donc à imposer l'*author-pay*. Une telle formule surprend de prime abord. Pourquoi est-ce aux chercheurs-auteurs de payer pour faire connaître leurs résultats ? Sauf cas individuels, ce changement revient à faire porter les coûts de publication par leur institution-hôte, qui financerait la mise en circulation des savoirs produits par ses unités de recherche, de la même façon qu'elle finance actuellement les abonnements aux publications.

La plupart des promoteurs de l'accès libre défendent l'idée que ce système est tout à fait viable et utile. Il commence d'ailleurs à être appliqué par plusieurs maisons d'édition en ligne. Ces nouveaux sites de diffusion, le plus souvent mis sur pied par la communauté scientifique elle-même, proposent un contrôle de qualité des articles par *peer review*, semblable à celui qui existe maintenant, et prétendent même l'améliorer. Alors que les maisons d'édition actuelles sont submergées par la croissance du nombre des articles que les chercheurs leur soumettent, le transfert des coûts d'abonnements vers des coûts de mise en ligne doit encourager, en effet, les institutions scientifiques à davantage se préoccuper de l'intérêt des articles publiés par leurs équipes de recherche. En contrepartie, au lieu d'être limités au contenu des revues que le budget de leur bibliothèque permet de se procurer, leurs chercheurs auraient accès à « tout ».

La plupart des maisons d'édition scientifique ne sont pas opposés au principe de l'*author-pay* et certaines d'entre elles l'expérimentent, et même l'appliquent, dans des services qu'elles ont développés. Mais la question du *peer review* est cruciale et il est certain que seules les maisons ayant pignon sur rue, c'est-à-dire les sociétés savantes et les gros éditeurs privés, sont à même d'offrir une expertise rigoureuse et indépendante pour l'exercer. Le système n'offre cependant pas toutes les assurances pour empêcher les dérives du système actuel. Il n'est pas sûr en particulier qu'il puisse freiner la production actuellement hypertrophiée d'articles ; il est même possible qu'il le renforce encore. Plus grave, il risque d'introduire parmi les auteurs une inégalité profonde entre chercheurs riches et pauvres, en particulier dans les pays en développement. Plusieurs initiatives récentes[46] assurent l'accès gratuit ou très peu onéreux d'importantes listes de titres aux chercheurs du Sud. Les partisans du *free access* rétorquent que de tels arrangements peuvent être tout aussi bien créés pour exempter ou diminuer les charges *author-pay* qui freineraient les contributions provenant de ces pays. Et que, en tout état de cause, l'apport que représenterait l'accès libre serait particulièrement essentiel pour leurs chercheurs.

Une science de la « communication de la science » ?

La crise de l'édition scientifique concerne les contenus autant que les contenants. La mauvaise qualité de la « communication publique de la science » est un lieu commun. Les scientifiques eux-mêmes ne font pas mystère de leurs propres difficultés et lacunes dans ce domaine. Pierre Bourdieu : « Un style qui cumule la neutralité du compte-rendu positiviste et la fadeur du rapport bureaucratique[47]. » Jacques Ninio : « De toute façon, personne ne lit plus les articles primaires (sauf quelques idéalistes attardés...). Cette désaffection pour la lecture n'est pas seulement due à l'indigence croissante des contenus, elle s'explique aussi par l'emploi quasi général d'un style écrit standardisé, rébarbatif, exploitant toutes les ressources de la langue de bois[48]. » Peter A. Lawrence et Michael Locke : « Notre style écrit a dégénéré en une langue codée et impersonnelle laissant dans l'ombre le caractère des

---

[46] Par exemple HINARI (Health InterNetwork Access to Research Initiative), sous l'égide l'OMS, AGORA (Access to Global Online Research *in* Agriculture), sous l'égide de la FAO, et INASP (International Network for the Availability of Scientific Publications).

[47] Bourdieu P., 1984, *Homo Academicus*.

[48] Ninio J., 1990, Publier, mais pour être lu, *INSERM Actualités* 82, 11-12.

auteurs et leurs idées[49]. » John Maddox, ancien rédacteur en chef de *Nature* : « L'obscurité de la littérature est maintenant tellement marquée que l'on peut seulement croire que celle-ci est délibérée. Les chercheurs dissimulent probablement leur interprétation par insécurité, par crainte d'être découverts, ou, parce que croyant que ce qu'ils ont à dire est important, ils s'attachent à en rendre le sens inaccessible au commun des mortels[50].

Le malaise est perceptible et compréhensible. Mais est-il justifié ? Les reproches de Maddox, par exemple, qui portent sur les revues primaires, valent-ils pour la communication publique ? Comment informer le public et communiquer la science ? Les paradigmes en vigueur portent en eux une appréciation de la nature des relations entre le monde de la science et le reste de la société. Plus précisément, ils comportent des supputations d'ordre idéologique sur l'état de la connaissance du public et sur ses aspirations. Et aussi de ce que peuvent et veulent les scientifiques. Les grandes tendances contemporaines en matière de communication scientifique s'inscrivent dans un débat plus large, porté par la philosophie et la sociologie, sur le statut de la connaissance scientifique et sur sa spécificité par rapport à d'autres formes de savoir. Le passage graduel d'une conception en termes de « déficit », c'est-à-dire visant à instruire, à une conception en termes de dialogue entre scientifiques et grand public, peut se lire comme la conséquence d'une interrogation qui a été de plus en plus vigoureuse sur le degré d'autonomie de la science.

Dès l'époque des Lumières en Occident, la vulgarisation de la science connaît un contexte florissant. Cabinets de science et expositions rencontrent un public avide de connaissances. Cette vulgarisation scientifique connaîtra son âge d'or (dans le monde francophone en tout cas), de la fin du XIXe au début du XXe. Les auteurs de cette époque sont Jules Verne (*Le château des Carpates*, etc.), Jean Henri Fabre (*La vie des insectes*), Camille Flammarion (*Leçons d'astronomie populaire*) ou encore Maurice Maeterlinck

---

[49] *La Recherche*, septembre 1997.

[50] Maddox J., 1995, *Nature*, vol. 378, p. 522.

(*La vie des termites*). Rappelons aussi que Charles Darwin écrit *L'Origine des espèces* à l'intention du grand public. Une pratique plus difficilement compatible avec les caractéristiques du système actuel, même si, dans la seconde moitié du siècle passé, il a donné naissance à des littérateurs scientifiques. On prend toute la mesure de cette évolution en se reportant au minimum une trentaine d'années en arrière, à une époque où l'information scientifique à destination du grand public était produite pour l'essentiel par les chercheurs eux-mêmes, ou plus précisément par certains chercheurs dont les médias – c'est-à-dire principalement la presse ou l'audiovisuel alors largement sous contrôle étatique – se contentaient de reproduire la parole incontestée. L'âge d'or de la vulgarisation est aujourd'hui terminé et on évoquera plus loin les raisons de ce changement. L'époque où l'information scientifique à destination du grand public était produite pour l'essentiel par les chercheurs eux-mêmes, ou plus précisément par certains chercheurs, est révolue.

Le tournant remonte aux années 1985, au moment où la science entre dans une période de turbulences, et à la suite des travaux fondateurs de Shannon et Weaver sur le processus de communication proprement dit[51]. La grande vertu du cadre conceptuel proposé par Shannon et Weaver est de permettre de formaliser tout acte de communication, que les acteurs en soient, ou non, humains. Il est pertinent pour décrire les mutations qu'a subies la « communication scientifique » depuis une trentaine d'années. Notons que les évolutions qui l'ont affectée depuis une vingtaine d'années ont porté sur quatre éléments du processus (et non des moindres : les deux extrémités de celui-ci – les émetteurs et les

[51] À la fin des années 1940, les Américains Claude Shannon, un ingénieur, et Warren Weaver, un philosophe, définissent un acte de communication comme un processus impliquant six éléments : le *message*, envoyé par un *émetteur* et écrit dans un *langage*, est acheminé vers des *récepteurs* via des *canaux*. Il faut également tenir compte du *bruit*, qui désigne ici tout phénomène endommageant la transmission et la qualité du message et qui fait que celui-ci n'est plus tout à fait le même à la réception qu'à l'émission.

récepteurs – ainsi que les canaux qui les réunissent) à travers les changements suivants :
– la multiplication des émetteurs : ce ne sont plus quelques scientifiques prestigieux, mais des laboratoires, des instituts, des revues, des bailleurs de fonds ;
– la recomposition des canaux : celle-ci se réorganise au détriment de l'écrit papier et au profit des différentes formes du multimédia ;
– la fragmentation des récepteurs : le « grand public », présumé avide de connaissances, n'est plus le seul récepteur, et se voit adjoindre d'autres « niches » : public spécialisé ou passionné, institutions bailleuses de fonds, pouvoirs publics, etc. ;
– l'intervention de plusieurs sources de bruit.

Une « écluse » pour la culture

Au début des années 1970, sont organisées les premières grandes campagnes d'information scientifique, après que des enquêtes d'opinion publique, d'abord aux États-Unis puis en Europe, aient cru mettre au jour de graves lacunes dans le bagage scientifique du citoyen « moyen ». Pour les pallier, les Anglo-Saxons ont développé le « modèle du déficit » (*deficit model*), qui part du principe que le manque de culture scientifique est quasi général. Le modèle a largement dominé la littérature dédiée à la « communication » et à la culture scientifique et a consacré l'idée de construire une « écluse de la culture », étant donné l'importante dénivellation qui existe entre les connaissances scientifiques des savants et celles du public et qui justifie l'aménagement d'un écoulement des premiers vers les seconds.

En réalité, les bases scientifiques de ce déficit sont contestables. Plusieurs auteurs ont estimé qu'à peine 10 % environ de la population peuvent être considérés scientifiquement cultivés[52]. Parmi ceux-ci, le Britannique Lewis Wolpert, professeur à l'University College de Londres, a encore noirci le tableau en arguant que rien – ou presque rien – n'y fera, car les concepts scientifiques

---

[52] Voir par exemple *Nature*, 1989, vol. 340, p. 11-14.

contemporains sont, dit-il, d'une complexité telle qu'ils resteront à jamais impalpables et hermétiques pour le grand public. Pour l'essentiel, ces données s'appuient sur les résultats de divers questionnaires à choix multiples pareils à ceux des enquêtes d'opinion européennes. Toutefois, ces questionnaires offrent peu de points de référence, et notamment une absence de comparaison entre les connaissances scientifiques et les performances réalisées dans d'autres domaines du savoir. Comment concilier, en effet, l'affirmation selon laquelle le public est un ignorant ès sciences quand on manque d'informations sur ses connaissances en arts ou en histoire ? En quoi la science est-elle le parent pauvre de la culture de l'honnête homme ? Toujours est-il que, plusieurs années durant, la communauté scientifique s'est imposé d'organiser la transmission des connaissances de l'autorité scientifique vers le grand public. L'objectif était de faciliter, le passage du courant entre la science (l'amont) et le public (l'aval).

Dès 1985, de vastes programmes de *public understanding of science* (littéralement « compréhension publique de la science ») ont été mis en place et, avec eux, de nombreuses activités de « popularisation ». Des vagues d'informations remplissaient les écluses de la culture scientifique… 1985 est l'année de publication par la Royal Society au Royaume-Uni du fameux Rapport Bodmer[53] et la mise sur pied d'un Committee of Public Understanding of Science (COPUS). Ces deux événements ont catalysé de nombreux changements et de nouvelles pratiques acquises en matière de « com » dans la communauté scientifique, au Royaume-Uni et au-delà. Par exemple, le Rapport Bodmer attribue en particulier aux scientifiques un devoir de « communiquer » les bénéfices[54] de la science vers le grand public et qu'un public mieux éduqué sur le plan scientifique sera plus enclin à soutenir les programmes de recherche scientifique et plus enthousiaste à l'égard des innovations technologiques.

---

[53] Bodmer W., 1985, *The Public Understanding of Science*. The Royal Society, London.

[54] Il est intéressant de remarquer que le rapport insiste sur la communication des « bénéfices » uniquement.

Le paradigme qui s'impose à cette époque-là dans la communauté scientifique est celui d'une « communication à sens unique ». Dans le modèle du déficit, l'émetteur est en effet le scientifique, qui s'adresse au « grand public »[55]. Le canal qui relie l'émetteur au récepteur ne fonctionne que dans un seul sens.

Les activités de partage du savoir sont aussi, dans la communauté des chercheurs, sous-développées et peu valorisées. On sera tenté d'y voir un lien de cause à effet. Si les enquêtes d'opinion européennes on montré qu'il existe un intérêt marqué (probablement surestimé dans une certaine mesure) du récepteur (le grand public) pour les sciences et les techniques, cette demande n'est pas complètement satisfaite par l'offre. Du côté de l'émetteur (la communauté scientifique), subsiste au minimum une certaine réticence à se consacrer aux tâches de « vulgarisation ». En Europe, les responsables des politiques de la recherche et les employeurs des scientifiques accordent, pour la plupart d'entre eux, trop peu d'importance professionnelle aux relations avec les médias et le public, convaincus sans doute que la publication des résultats des recherches menées suffit à justifier le soutien inconditionnel de la société.

Certes, les contextes et les mentalités évoluent petit à petit[56]. Mais cette réticence fut reprise, au moins implicitement, par nombre de scientifiques qui, craignant peut-être qu'une visibilité accrue de leurs travaux scientifiques n'entraîne une restriction de leur indépendance de chercheurs, marquèrent leur dédain pour les

---

[55] Cette expression commode cache en réalité une nébuleuse de profils, d'intérêts, de motivations et de traitements de l'information : l'homme de la rue et le lecteur moyen n'existent pas !

[56] À noter par exemple que lors de la dernière réunion de l'Union astronomique internationale à Prague en juin 2006 (la fameuse réunion au cours de laquelle Pluton a été rayée de la liste des planètes du système solaire), les quelque 2 000 participants ont adopté la « Charte de Washington sur la communication de l'astronomie avec le public » qui contient plusieurs recommandations à l'intention des organisations de recherche, dont la nécessité de « promouvoir le respect et la reconnaissance professionnels de la communication publique ».

« savants publics », préférant ignorer les vulgarisateurs de la science et fuir les journalistes.

Certains scientifiques estiment au contraire qu'il existe un « public savant » et affirment, sans état d'âme, que ce n'est pas à eux de vulgariser leurs travaux mais bien au public à faire l'effort de lecture, sous-estimant ou niant carrément l'existence d'un quelconque déficit. Avec la complicité de certains éditeurs, sont mis sur le marché des ouvrages écrits par des scientifiques dans des collections « grand public » et donnant l'impression qu'il s'agit soit d'une erreur de jugement soit d'un piège intellectuel. Sous le couvert de titres accrocheurs, certains livres ne sont que des condensés de pages qui paraissent directement extraites de cours avancés d'université que seules quelques dizaines de personnes sont en mesure de comprendre en France. Il y a là un vrai problème. Est-ce la faute de l'auteur ou de l'éditeur ? Ou même celle du lecteur ? Ce type d'ouvrage se referme sur un paradoxe : il renforce la distance séparant ces « deux cultures » alors qu'il s'efforce, en un sens, de l'annuler.

Dialogues de science... ou de sourds ?

À la fin du siècle passé, les experts de la vulgarisation scientifique ont dû reconnaître que les résultats sur le terrain n'étaient pas à la hauteur des attentes ni des efforts entrepris et se résoudre à une conclusion définitive : le modèle du déficit et du *public understanding* possède à l'évidence d'importantes limitations.

Une première limitation tient à la spécialisation croissante et au caractère de plus en plus collectif de la recherche (il suffit de songer aux centaines de co-auteurs des publications en physique des hautes énergies ou en séquençage des génomes). Les chercheurs capables de maîtriser et d'expliquer l'ensemble des travaux sur un domaine, même relativement limité, sont de plus en plus rares et parfois même en désaccord les uns avec les autres. Les « porte-paroles de la science » n'existent pas !

La seconde limitation vient du *public understanding* lui-même. Les chercheurs en ont pris conscience lorsqu'il est devenu clair qu'une popularisation de la science était incapable de répondre aux inquiétudes croissantes quant aux conséquences des avancées scientifiques. Les physiciens les plus renommés avaient beau s'exprimer à la télévision en faveur de l'énergie nucléaire et en vanter la sécurité, les opinions publiques restaient méfiantes, et cette crise de légitimité s'est encore accentuée après l'accident de Tchernobyl en 1986. Comme le font remarquer les sociologues Claude Grignon et Jean-Claude Passeron : « Sans doute surestime-t-on aujourd'hui l'efficacité culturelle de systèmes de communication qui, comme les mass media (radio, télévision, grande presse) réussissent à toucher, grâce à la révolution technologique des moyens de communication, de très vastes audiences. De tels systèmes sont en effet mis en œuvre dans des conditions d'écoute, de programmation et d'autorité sociale où ne figure aucune des caractéristiques qui font l'efficacité de la relation pédagogique. Si l'influence des mass media est indéniable au niveau des usages coutumiers de consommation, d'élocution ou de conversation, il s'en faut de beaucoup que l'on ait pu démontrer leur aptitude à transformer, et encore moins à révolutionner, les habitudes logiques, les attitudes éthiques et les savoir-faire techniques[57]. » En d'autres termes, le discours scientifique dispensé dans le cadre universitaire du face à face entre émetteurs et récepteurs se prête mal à entrer dans les canaux que sont les médias. À cette incapacité du modèle du *public understanding* à répondre aux inquiétudes exprimées par une critique de la technoscience est venue s'ajouter une remise en question de ses fondements théoriques par ce que l'on a appelé la « nouvelle sociologie des sciences ».

Après la vague de la vulgarisation, nous sommes entrés dans une phase de « communication ». Les Anglo-Saxons (décidément toujours précurseurs) parlent de « *engaging with the public* ». Ce modèle explique l'émergence, au cours des dernières années, de nouvelles initiatives où dialogue remplace le monologue. C'est en tout cas l'objectif affirmé car, malgré ces efforts et ces

[57] Grignon C. et Passeron J.-C., 1989, *Le savant et le populaire : misérabilisme et populisme en sociologie et en littérature*, Paris, Le Seuil/Gallimard.

événements, beaucoup reste à faire. Et, on le sait bien, écouter n'est pas entendre…

Sur le terrain, le modèle du déficit a cédé la place au modèle de la communication à double sens (donc de la vraie communication). Mais, en quelque sorte, les scientifiques ont eu la main forcée. En adhérant à ce nouveau paradigme, les scientifiques espèrent répondre davantage aux attentes (et critiques) tout en imposant leur propre agenda. De nos jours, le public exprime une certaine méfiance à l'égard de certains développements et, surtout, il a l'impression que la machine s'est emballée. Il souhaite qu'on prenne le temps de lui expliquer et de l'écouter.

En cette période de transition[58], entre *public understanding* et *public engagement*, de nombreux scientifiques affichent toutefois leur scepticisme et un certain dépassement. Ils reconnaissent la nécessité de faire quelque chose mais restent désemparés.

Le problème est en partie culturel. Les idées simplistes et les *a priori* que les chercheurs répandent au sujet de la « communication de la science », peu compatibles avec la méthode scientifique, reflètent en partie leur manque de considération pour ces activités. La « communication de la science » doit encore gagner ses lettres de noblesse ! Ces mêmes scientifiques sont prompts à se déclarer déçus par le manque de résultats concrets obtenus sur le terrain et à y voir une justification « scientifique » de l'immobilisme. Plutôt que d'être inefficaces, soyons inactifs ! Qu'il nous soit permis d'évoquer ici la possibilité que ces faiblesses et ces échecs soient mis à l'actif de la naïveté des modèles de « communication » utilisés par les chercheurs, tous secteurs confondus. Ainsi Jean-Jacques Salomon, auteur de nombreux essais sur la science et la technologie, écrit notamment : « Le public interrogé ne voit la recherche que comme l'adjuvant de la santé : c'est là un très grand échec des politiques de communication menées par les grands laboratoires français, qui n'ont pas osé insister sur les dimensions économiques et stratégiques de la recherche,

---

[58] Sturgis P. and Allum N., 2004, Science in society : re-evaluating the deficit model of public attitudes, *Public Understanding of Science*, vol. 13, 55-74.

comme si la science était là exclusivement pour réparer les bobos plutôt que pour changer les conditions de vie, ouvrir les portes et défendre la nation ! Et que fait-on de la dimension première de la recherche, qui est de comprendre avant même de faire ? La recherche, la science, les chercheurs sont mal aimés et pire, manifestement méprisés, considérés comme non productifs, voués à la contestation [...][59].

Le message est très clair : plutôt que d'abreuver le public des résultats et de la puissance de la science, il convient de l'éduquer sur les mécanismes et les possibilités de la recherche. « L'essence augmente ? Payons des chercheurs ! » titrait par exemple un grand quotidien[60]. En filigrane d'une plaidoirie désormais classique pour revoir à la hausse les budgets alloués à la recherche scientifique, l'article développait le paradigme, bien établi dans nos sociétés, qui veut que, face à un problème donné, il soit nécessaire, voire suffisant de l'appeler à la rescousse. L'agriculture moderne utilise-t-elle trop d'engrais chimiques ? Développons des végétaux transgéniques qui s'en passeront ! L'automobile sacrifie-t-elle des vies humaines sur nos routes ? Embarquons le nec plus ultra des techniques informatiques et de communication à bord des véhicules, qui deviendront du coup « intelligents »[61]. La technoscience, incarnation de la Raison universelle, s'est imposée dans nos sociétés comme la Solution universelle. Or, nos concitoyens comprennent mieux les choses de la science qu'on ne le dit. Leur opinion à ce sujet doit donc être respectée et prise en compte. Et le message que le public adresse de nos jours aux responsables est très clair : il y a sur le marché et dans les laboratoires des techniques et des produits dont les gens ne veulent pas. Ils n'en voient ni l'intérêt ni l'utilité.

---

[59] Salomon J.-J., 2004, *Futuribles*, p. 5-29, juin.

[60] *Le Soir*, 2 octobre 2000.

[61] Ce qui est nécessaire est pourtant moins une gamme de nouvelles automobiles équipées de la technologie dernier cri qu'une génération de nouveaux conducteurs !

Voix et langages de la science

L'émergence du nouveau modèle de la communication de la science[62] a donc coïncidé avec le développement d'une crise de légitimité de la science, qui s'est doublée dans la plupart des pays européens d'une crise du financement. En conséquence, les acteurs de la science se sont vus obligés de justifier leurs financements auprès de l'opinion publique, d'où une multiplication des « émetteurs » d'informations scientifiques. Ce ne sont plus seulement les chercheurs qui annoncent leurs découvertes, mais les instituts qui les emploient, les revues qui les publient (qui sont souvent des entreprises commerciales elles-mêmes engagées dans une concurrence pour publier les articles les plus novateurs ou les plus cités), ou les organisations qui les financent.

Cette multiplication des émetteurs est allée de pair avec une diversification des récepteurs. D'un modèle hiérarchisé, où un petit nombre de scientifiques communiquait avec un grand public supposé unique et indifférencié, on est passé à une « communication » plus ciblée, visant telle ou telle fraction du grand public (phénomène particulièrement frappant dans le domaine biomédical avec la montée en puissance des associations de patients), et plus généralement à un système où, de plus en plus, les institutions s'essaient à la « com » et au marketing, passant en permanence du rôle d'émetteur à celui de récepteur. En faisant connaître les avancées d'une équipe qu'elle a financée, une fondation caritative s'adresse ainsi autant à ses donateurs qu'aux fondations rivales. De même, une université qui met en valeur les recherches de ses laboratoires s'adresse autant à ses futurs étudiants et aux chercheurs qu'elle entend attirer qu'aux universités concurrentes.

Face à cette prolifération d'informations et d'échanges, la place consacrée à l'actualité scientifique et technique dans les grands médias européens est paradoxalement stable, sinon en diminution. Dans le domaine de la presse écrite généraliste, les rubriques consacrées aux sciences ont fondu comme neige au soleil et la

---

[62] Même si les experts reconnaissent que le modèle du déficit reste parfaitement valable dans certaines circonstances.

science y est souvent traitée à travers les problèmes qu'on la soupçonne de susciter plutôt que des résultats qu'elle apporte. Dans les journaux télévisés[63], on retrouve cette même logique. En revanche, les documentaires scientifiques sont en plein essor, en particulier au Royaume-Uni, en Allemagne ou dans les pays nordiques. On retrouve là la logique de fragmentation du grand public en niches spécialisées (notamment à travers les chaînes thématiques), qui s'exprime aussi dans la presse magazine. Certes, à l'exception de *The New Scientist* et de ses 140 000 exemplaires hebdomadaires, la plupart des titres de la presse magazine européenne de vulgarisation scientifique sont pourtant confrontés à une lente érosion de leur lectorat, souvent vieillissant. Ce déclin s'explique en partie par l'essor d'Internet. Une partie du public estime, à tort ou à raison, qu'il peut disposer d'articles de synthèse de qualité et trouver les mêmes informations gratuitement sur Internet. Mais ce déclin s'explique aussi par l'essor de magazines spécialisés proposant non plus de traiter l'ensemble de l'actualité scientifique mais celle d'un seul domaine (astronomie et cosmologie, environnement, ou encore biotechnologie), ou visant un public particulier (jeunes, professionnels de certains secteurs, etc.).

Mentionnons encore l'onde de choc des grandes crises des années 1990 (OGM, maladies à prion et dioxine dans le domaine de l'alimentation ; sang contaminé, syndrome respiratoire aigu sévère (SRAS) et grippe aviaire dans celui de la santé) qui ont transformé la « communication de la science » en une « com » sur le risque. Comment ne pas voir qu'une bonne part des inquiétudes quant au danger pour la santé des OGM tire sa source de l'affaire de « la vache folle », et notamment de cette fameuse « transgression de la barrière d'espèce » ? Celle-ci a beau être scientifiquement très distincte de l'alimentation du bétail avec des farines animales, il ne fait guère de doute que, pour le grand public, ces deux questions soulevées à peu près à la même époque se sont télescopées :

---

[63] Selon les enquêtes d'opinion européennes, c'est principalement par la télévision, et non par la presse écrite ou Internet, que les Européens s'informent sur les questions scientifiques et techniques.

bel exemple, en termes de théorie de la communication, de bruit accentuant le décalage entre message émis et message perçu !

Que dire enfin de la question de la diversification des langages employés dans la « communication scientifique ». Il s'agit pourtant d'une caractéristique majeure des évolutions de ces trente dernières années. On ne peut aujourd'hui lire sans sourire ces reportages typiques des années 1960 dans lesquels un journaliste recueillait humblement les propos de son interlocuteur scientifique, dont le patronyme était toujours précédé de titres visant à souligner l'autorité (M. le professeur X, le célèbre docteur Y…), et dont les illustrations (portrait en blouse blanche, l'air pensif, entouré d'objets symboliques : microscopes, appareillages de mesure…) rappelaient les portraits des grands de ce monde à l'époque classique. On ne peut s'empêcher de lire avec amusement ces livres dans lesquels un scientifique de renom retraçait sa carrière dans un déroulement quasi-linéaire et purement rationnel le conduisant à sa grande découverte, et dont il profitait pour émettre nombre d'opinions sur les sujets les plus variés, souvent fort éloignés de ceux de sa compétence stricte. On ne peut enfin revoir sans étonnement ces émissions télévisées, véritables conférences filmées construites sur le modèle des cours d'amphithéâtre, durant lesquelles un chercheur cadré en plan fixe exposait doctement son savoir hors de toute contradiction.

Interview à une voix, mono-graphie, conférence *ex cathedra* : tels étaient les langages, en définitive toujours le même (celui de l'exposé universitaire), de la « communication scientifique » jusqu'à ces trente dernières années. Même si ces genres n'ont pas disparu, et ont même souvent connu de très riches renouvellements, ils ne sont aujourd'hui que quelques manifestations d'une « communication de la science », qui en a inventé de nombreuses autres, ayant toutes en commun de privilégier l'interactivité avec le public (et donc de se rapprocher d'une authentique communication). Citons, pêle-mêle et sans développer[64], le discours public contradictoire

---

[64] Ces nombreuses (et complémentaires) formes de la communication de la science sont par exemple présentées dans Claessens, 2007.

(bar des sciences, forums interactifs…), l'image (expositions, documentaires télévisées), le récit (docu-fiction, littérature de science en fiction) ou encore le spectacle (théâtre de science…). Toutes ces approches ont en commun de tourner le dos à celle, plus traditionnelle, de vulgarisation. Il ne s'agit plus d'expliquer au « vulgaire » (comme le suggère l'étymologie), mais d'aborder la science comme on aborderait la littérature, le cinéma ou le sport : comme un élément de notre culture. Cette diversification des langages de la communication de la science peut également se comprendre comme une conséquence du mouvement des idées qui a abouti à remettre en question l'idée d'une autonomie de la science par rapport aux autres champs d'activité humaine[65].

Les sciences, de l'autonomie à la communication

C'est au sociologue américain Robert King Merton que l'on doit, dès la fin des années 1930, la première tentative de penser l'émergence de la science comme sous-système social quasiment autonome, distinct de l'économie, du religieux ou du politique. Pour Merton[66], reconnu comme le fondateur de la sociologie des sciences, cette émergence est le produit de la montée en puissance, pour satisfaire aux besoins d'expansion de l'Angleterre du XVIIe siècle, des professions intellectuelles au sens le plus large, liées tant aux arts, qu'au droit, à la médecine, à la technologie ou à l'administration, accompagnée d'une institutionnalisation de l'exercice de ces professions.

La création de la London Royal Society en 1662, qui offrait un lieu pour échanger et débattre selon un certain nombre de procédures, est ainsi lue comme un acte fondateur de la science moderne, aussitôt imité sur le continent par l'établissement d'une Académie des sciences en France (1666), en Prusse (1700), en Russie (1725) et en Suède (1739). Ces institutions contribuèrent

[65] Les pages qui suivent sont en grande partie basées sur les articles publiés dans Claessens, 2007 et notamment celui de B. Chevassus-au-Louis.

[66] Merton R., 1973, *The sociology of science. Theoretical and Empirical Investigations*, Chicago, University of Chicago Press.

à organiser et structurer les échanges scientifiques internationaux, jouant un rôle régulateur par leur contrôle de l'évaluation. En décidant de l'acceptation ou du rejet de manuscrits, elles œuvrèrent à l'introduction de critères de validation toujours en usage aujourd'hui. L'exposé méthodologique (comme dans la section « matériels et méthodes » des publications scientifiques) visant à permettre la reproduction de l'expérience décrite a simplement remplacé la conduite publique de cette expérience devant les pairs. Grâce à l'attribution de prix et à la création de systèmes de rétribution, les Académies permirent la professionnalisation de l'activité scientifique et l'apparition d'une hiérarchie en son sein.

Comme l'explique Merton dans un article publié en 1942, c'est dans une large mesure à ces institutions que la science doit son statut de sous-système social distinct et relativement autonome des pouvoirs temporels, permettant à la communauté scientifique de se construire sur quatre valeurs ou normes qui sont propres à ce qu'il appelle l'« ethos de la science » :

– l'universalisme, qui suppose que la vérité n'apparaît qu'à la suite de l'application de critères rationnels préétablis, et ne saurait être jugée à l'aune des mérites, personnels ou sociaux, des producteurs de savoir ;
– le communalisme, qui fait de la science une productrice collective de biens publics circulant librement entre individus, laboratoires et nations ;
– le désintéressement, entendu non pas comme altruisme, mais comme conviction que les chercheurs s'abstiennent de toute considération extrascientifique lorsqu'ils évaluent le travail de leurs collègues, et enfin,
– le scepticisme organisé, qui fait que les scientifiques ne sont mus que par la recherche de la vérité.

Merton a parfaitement explicité ces valeurs supposées fonder l'autonomie de la science et conférer au discours des chercheurs une aura à nulle autre pareille. Venant s'ajouter au vieux fond positiviste issu du XIXe siècle, particulièrement dans les pays latins, la sociologie mertonienne permet de comprendre les modes de « communication » de la science s'inspirant du discours universitaire.

La « nouvelle sociologie des sciences »

Merton et ses élèves soutenaient trois thèses, à savoir que la connaissance scientifique est distincte des autres formes de connaissance, que l'institutionnalisation de l'activité scientifique est indépendante des autres champs sociaux et que la recherche sociologique ne doit porter que sur l'élucidation des conditions sociales de l'activité scientifique, les contenus étant abandonnés à la seule philosophie des sciences.

C'est précisément de la philosophie des sciences qu'est venue la remise en cause de la troisième thèse, dont la critique précipita ensuite l'affaiblissement des deux premières. À partir des années 1950, l'affirmation selon laquelle le contenu cognitif des énoncés scientifiques ne peut être analysé est en effet vivement attaquée à la fois sur le plan de la logique (par des auteurs comme Karl Popper ou Willard Van Orman Quine) et de l'histoire (Thomas Kuhn, dans la lignée de Gaston Bachelard et d'Alexandre Koyré). Dans un livre fondateur[67], Thomas Kuhn démontre que la science ne progresse pas par accumulation mais par ruptures, et que ces dernières ne sont pas sans rapport avec l'histoire économique et politique. Le passage de la vision ptoléméenne à la vision copernicienne du monde est un bon exemple d'une telle « rupture de paradigme ». À la Renaissance, ce ne sont plus les textes anciens et sacrés qui font référence mais l'expérience et l'observation. C'est précisément dans ce contexte social que Copernic va élaborer son approche héliocentrique, sans pourtant que de nouvelles observations n'aient été faites. Se refusant à prendre parti sur la validité ou non des énoncés qu'il analyse, Kuhn montre que l'activité scientifique prend place dans un système social qui contrôle ses membres et leurs activités, mais que ce système véhicule aussi

[67] Kuhn T., 1962, *The Structure of Scientific Revolutions*, Chicago, Chicago University Press.

des orientations et des représentations cognitives qui influencent le développement des connaissances scientifiques.

Dans la brèche philosophique qu'il a ouverte, se sont précipités deux courants de recherche en sociologie de la science. Le premier est porté par l'école d'Edimbourg qui, avec des auteurs comme Barry Barnes[68] ou David Bloor[69], s'est ainsi fixée comme ambition de penser sociologiquement le contenu de la science comme celui de n'importe quel mode de connaissance. Dans ce but, ils ont adopté quatre principes méthodologiques. Ce sont :
– le principe de causalité : l'objet de recherche sera l'élucidation des conditions d'apparition des énoncés scientifiques ;
– le principe d'impartialité (déjà évoqué chez Kuhn) visant à ne pas tenir compte de la vérité ou de la fausseté d'un énoncé ;
– le principe de symétrie qui oblige à expliquer par les mêmes types de causes les croyances vraies et les croyances fausses (et non les premières par la logique et la raison et les secondes par les facteurs sociaux) et enfin,
– le principe de réflexivité qui postule que les principes découverts doivent s'appliquer à la sociologie elle-même.

Le second courant à s'engouffrer dans la brèche ouverte par Kuhn est celui de l'ethnographie de la science, qui se propose d'analyser la science en train de se faire avec le regard de l'ethnologue. Des auteurs comme Karin Knorr-Cetina[70], Bruno Latour et Steve Woolgar[71], multiplient ainsi les études de cas (de chercheurs, de controverses, de laboratoires, de textes) selon une approche qui refuse de croire ce que disent les scientifiques, à savoir qu'ils

---

68 Barnes B., 1977, *Interests and the Growth of Knowledge*, Londres, Routledge and Kegan Paul.

69 Bloor D., 1976, *Knowledge and Social Imagery*, Londres, Routlegde and Kegan Paul.

70 Knorr-Certina K., 1981, *The Manufacture of Knowledge. An Essay on the Constructivist and Contextual Nature of Science,* Londres, Pergamon Press.

71 Latour B. et Woolgar S., 1979, *Laboratory Life : The Social Construction of Scientific Facts*, Los Angeles/Londres, Sage.

s'intéressent aux faits bruts et qu'aucune médiation n'existe entre les énoncés qu'ils produisent et la « réalité » qu'ils étudient.

Le programme de l'École d'Edimbourg et la galaxie des monographies ethnologiques de la science en train de se faire s'inscrivent, de près ou de loin, dans le courant de pensée constructiviste, qui soutient que les faits ne préexistent pas au sujet connaissant, ni n'en sont indépendants. Comme l'écrivait Karin Knorr-Certina, « les objets scientifiques sont non seulement techniquement fabriqués dans les laboratoires, mais ils sont aussi construits de manière inséparablement symbolique et politique à travers des techniques littéraires de persuasion telles qu'on peut les trouver dans les articles scientifiques, à travers des stratagèmes politiques par lesquelles les savants visent à former des alliances et à mobiliser des ressources, ou à travers les sélections qui construisent les faits scientifiques de l'intérieur ». La science devient donc une « lutte », un « sport de combat » pour faire accepter ses énoncés par les pairs et pour persuader les institutions de l'intérêt des recherches entreprises et de la nécessité de les poursuivre.

On voit là que c'est la seconde proposition mertonienne, relative à l'autonomie des institutions scientifiques, qui est attaquée. En 1994, la critique se fit plus systématique avec la publication, par cinq auteurs influencés par ce qu'on appelle désormais la « nouvelle sociologie des sciences », d'un ouvrage[72] qui montre que les relations entre science, industrie et société se sont profondément réorganisées au cours de la seconde moitié du XXe siècle. Jusqu'aux années 1950, un clivage certain entre le monde universitaire et la société existait. Sous les coups de l'affaiblissement de l'université, de l'effacement des frontières entre disciplines scientifiques et du transfert du contrôle de la direction et du contenu des programmes de recherche du monde scientifique vers l'État et l'industrie (évolution qui participe à l'« instrumentalisation de la recherche »), de nouvelles relations sc sont mises en place. Elles se

[72] Gibbons M., Limoges C., Nowotny H., Schwartzman S., Scott P. et Trow M., 1994, *The New Production of Knowledge : the Dynamics of Science and Research in Contemporary Societies*, Londres, Sage.

caractérisent par une interdisciplinarité accrue, une grande mobilité de groupes temporaires d'experts organisés provisoirement autour de la résolution de problèmes urgents et la primauté des problèmes économiques et sociaux dans la décision de développer telle ou telle recherche.

Parallèlement, cette évolution donne naissance à une nouvelle forme de production des connaissances, à côté de la forme traditionnelle, que les auteurs ont nommée « mode 2 » par opposition au « mode 1 » académique. Les changements affectent aussi bien les connaissances produites que les manières de les produire, le contexte dans lequel elles le sont, les modes d'organisation des connaissances ainsi que les mécanismes contrôlant leur qualité. Plus précisément, trois caractéristiques définissent le « mode 2 » : le fait, premièrement, que la recherche contemporaine est de plus en plus effectuée dans le contexte de son application ; deuxièmement, l'apport essentiel par de multiples acteurs au processus de résolution des problèmes d'une grande hétérogénéité de talents et d'expertise et, troisièmement, la transdisciplinarité. L'une des implications du « mode 2 », importante dans le contexte qui nous préoccupe, est qu'il est plus difficile de déterminer où finit la science et où commence la société.

En 2001, trois des auteurs – Helga Nowotny, Michael Gibbons et Peter Scott – ont développé ces thèses[73] et en ont tiré un certain nombre de conséquences riches d'enseignement pour la manière de penser la communication des sciences. Les distinctions entre nature et culture, comme entre science et société, qui fondaient la modernité, expliquent-ils, ne tiennent plus aujourd'hui. Dans ce contexte postmoderne, des publics hétérogènes s'adressent aux producteurs de savoir dans le cadre d'une « agora », visant à développer la « communication inverse » entre la société et les producteurs de savoir. Cette théorie accorde la primauté à la pertinence sociale des connaissances et offre ses fondements

---

[73] Nowotny H., Gibbons M. et Scott P., 2001, *Re-thinking Science : Knowledge and the Public in an Age of Uncertainty,* Londres, Polity Press and Blackwell Pub.

théoriques aux langages de la communication de la science (voir *supra*) qui insistent sur le contexte et le dialogue (engagement) avec le public : conférences de consensus et de citoyens, forums interactifs, participation du public…

Aussi dominante soit-elle au sein des sciences humaines, la « nouvelle sociologie des sciences » n'a cependant pas que des partisans[74]. L'affaire Sokal, s'est chargée de le rappeler avec fracas, à défaut d'éclat. Elle ne peut se comprendre sans un rappel du contexte intellectuel nord-américain marqué par le mouvement américain des *cultural studies*, qui insiste sur le fait que certains groupes (femmes, minorités ethniques ou sexuelles, etc.) ont été des victimes de la science moderne. Poussée à bout, cette logique mène à dire que toute culture produit ses propres vérités et que celles-ci ne peuvent être évaluées qu'à l'intérieur de leur propre cadre culturel. On glisse là vers une position radicalement relativiste, plaçant sur un pied d'égalité toutes les formes de connaissances.

L'intense débat provoqué par cette affaire a en tout cas eu le mérite d'attirer l'attention sur des courants critiques et certaines impasses de la sociologie des sciences[75]. Le débat n'est certes pas clos, mais il est clair que c'est cette coexistence conflictuelle de visions différentes de la sociologie des sciences qui fonde la pluralité des approches aujourd'hui à l'œuvre en matière de communication scientifique, dont les nombreuses pratiques en vigueur aujourd'hui témoignent d'un dynamisme certain.

Pauvre « communication » !

Selon les manuels, la communication scientifique est « essentielle » au sens fort du terme dans la pratique et la construction de

---

[74] Voir notamment les travaux de Bunge M., 1997, *Une caricature de la science, la très nouvelle sociologie de la science*, texte disponible sur Internet, Vigdor et de Pestre D., 1995, Pour une histoire sociale et culturelle des sciences, Nouvelles définitions, nouveaux objets, nouvelles pratiques, *Les Annales, Histoire, Sciences Sociales*, p. 487-522, mai-juin, etc.

[75] Voir en particulier le numéro consacré à la science des *Actes de la Recherche en Sciences Sociales* de mars 2002, Paris, Le Seuil.

la science. Sans prétendre ici que cette caractéristique-là distingue la science des autres activités conduites dans la société, soulignons ici le fait que la science est fondamentalement communication. Une recherche qui n'est pas communiquée n'existe pas. Une avancée théorique ou un résultat expérimental n'acquièrent valeur de science que par leur communication à d'autres scientifiques, et, par là même, par leur exposition à la critique. C'est cette pratique qui donne à la science sa légitimité et sa dimension universelle.

Le travail et la vie au laboratoire, la participation aux conférences sont d'autres activités essentielles du chercheur qui laissent la part belle à la communication et aux échanges. Comme l'écrit Scott L. Montgomery (2002) : « La science existe parce que les scientifiques sont des écrivains et des orateurs. Nous savons cela, ne fût-ce qu'intuitivement, dès l'instant où nous nous embarquons dans une carrière en biologie, en physique ou en géologie. En tant que forme de connaissance, la compréhension de la science est inséparable des langages écrit et parlé. Il n'y a aucune frontière, aucune barrière entre la pratique de la science et la communication de celle-ci ; communiquer fait la science. » Ce qu'exprime de façon élégante Jean-Marc Lévy-Leblond : « … la langue tire la science… »[76].

Or, dans le contexte actuel, la technique prend de plus en plus le pas sur la réflexion et la « communication » des chercheurs est en réalité amputée de son contenu le plus essentiel. Marie-Claude Roland, chercheuse à l'Inra, a disséqué des centaines d'articles publiés par les grandes revues scientifiques ainsi que des publications refusées par celles-ci[77]. Elle en a notamment tiré la conclusion que le rejet d'une publication est souvent lié à l'absence de questions ou d'hypothèses clairement formulées. Et en a déduit que les chercheurs sont de piètres communicateurs. Dans leurs articles, ceux-ci présentent le plus souvent de simples

---

[76] *In* : 1996, *Sciences et langues en Europe*, Paris, Éditions de l'École des hautes études en sciences sociales.

[77] Roland M.-C., 1995, *Analyse des pratiques scripturales des scientifiques*, thèse de l'Université de Grenoble III.

données et non des résultats, et développent surtout les sections techniques, consacrées au matériel et aux méthodes expérimentales, expédiant, voire passant sous silence, toute la justification de la recherche, en particulier ses objectifs et son intérêt. Est-ce par manque de temps, par crainte ou, plus fondamentalement, parce que le système contemporain de la recherche évacue les questions de fond ? On ne pose pas la question fondamentale du « pourquoi » : on répond essentiellement au « comment ».

Parallèlement, les formations à la « communication publique de la science », quand elles existent, se contentent d'enseigner des techniques, se gardant bien de remettre en cause le contenu même. Elles sont souvent assurées par des personnes extérieures, qui ne connaissent pas le fonctionnement de la recherche et n'osent donc pas mettre en question le savoir et le savoir-faire des chercheurs. La formation des jeunes chercheurs, encore largement négligée, s'effectue essentiellement sur le tas, avec, dans le meilleur des cas, l'apport des seniors, encadrants ou chercheurs confirmés, qui n'ont d'ailleurs le plus souvent ni le temps ni les compétences pour assurer une telle formation, n'ayant pas eux-mêmes, pour la plupart, reçu de formation.

Faut-il voir dans ces pratiques un système de « reproduction », voire de « clonage » de la communauté scientifique ? Et les colloques, s'ils sont prétendument des lieux de formation, évacuent en général ces questions car les travaux des chercheurs, en particulier ceux des jeunes doctorants, ne sont pas réellement discutés quant au fond ni quant à leur présentation. Quant aux traditionnelles réunions de labo hebdomadaires, elles ne font que renforcer des pratiques privilégiant le pouvoir au détriment du savoir : on y « entraîne » le ou la jeune à présenter ses « résultats » et à « convaincre » son auditoire, mais on se garde bien d'y débattre des questions de fond et des enjeux de la recherche qui est poursuivie.

En fin de compte, les chercheurs sont-ils vraiment les mieux placés pour faire connaître leurs travaux ? Cette question reçoit des réponses partagées. D'un côté, un clan affirme que les scientifiques sont les seuls à maîtriser en profondeur le contenu et les enjeux de leur recherche et que, comme nous l'avons répété, « la recherche n'existe que communiquée ». En face, le point de vue ne diffère pas fondamentalement quant aux enjeux. Mais là, on considère que la communication est une chose trop importante pour la laisser aux seuls scientifiques !

Communiquer la science implique d'aller bien au-delà des aspects purement techniques et des recettes à appliquer dans tout travail de recherche. Il faut bien sûr s'intéresser aux questions et inquiétudes du public, mais aussi à la quête du chercheur, à ses attentes, à ses incertitudes, prendre au sérieux la formation des jeunes chercheurs en travaillant avec les chercheurs eux-mêmes. Ce qui implique aussi que le médiateur de science ait ou, au minimum ait eu, une expérience concrète de ce qu'est le travail de recherche et de production du savoir. Idéalement, production et communication de la science devraient être vues comme les deux piliers indissociables de l'activité de recherche. Ajoutons à cela le fait que le public européen, interrogé à l'occasion du sondage réalisé pour la Commission européenne (2007), affirme clairement préférer recevoir son information des scientifiques eux-mêmes.

Assez paradoxalement, les deux partis se rejoignent dans la pratique. Car pour l'essentiel, les scientifiques laissent à d'autres le soin de communiquer la science. Habitués à jargonner pour leurs pairs, peu soucieux de garantir la pertinence des écrits de toutes sortes qu'ils manipulent chaque jour, ils laissent volontiers le soin à d'autres de parler en leur nom, même s'ils ne ratent pas une occasion pour critiquer le travail effectué par ces tiers, et en particulier, celui effectué par les journalistes dits scientifiques.

Les dieux de la presse

Régulièrement, des collègues posent (ou ne posent pas) la question : « Telle avancée mérite-t-elle d'être communiquée à la presse ? » Le plus souvent se mélangent la crainte d'affronter un milieu que l'on dit peu compétent et peu fiable – et aussi les critiques des collègues, généralement prompts à condamner tout contact avec la presse non spécialisée – mais l'envie aussi de voir leur travail diffusé et atteindre ainsi des milliers, sinon des millions de personnes – bref, la consécration et la reconnaissance publique !

De nombreuses personnes considèrent que les relations avec la presse courante sont non seulement nécessaires mais également suffisantes pour informer, voire pour éduquer le public, et communiquer ses résultats. C'est une grossière erreur. Car ces activités ne relèvent pas de la presse. Les journalistes d'information n'ont pas pour mission d'informer le public, encore moins de l'éduquer. Leur mission est de rapporter des nouvelles, des *news*, et ceci de façon aussi complète et objective que se peut.

L'objectif de la presse non spécialisée est de présenter à son public les nouveautés de la journée, de la semaine ou du mois, en fonction de la périodicité de publication. Et d'être le meilleur dans son créneau, ou plus exactement dans son marché. Il existe en revanche des publications spécialisées offrant de telles informations et des analyses plus fouillées. On peut regretter ce découpage de la presse et ce mode de fonctionnement mais tout « communicateur », professionnel ou dilettante, ne peut ignorer les caractéristiques du paysage médiatique.

Au cours d'une des nombreuses conférences de presse organisées pour la Commission européenne, nous avons présenté les résultats d'un projet ayant bénéficié du soutien communautaire. Ce projet avait permis à des chercheurs européens de réaliser une véritable percée en déchiffrant le génome complet de la levure, *Saccharomyces cerevisiae*, un organisme utilisé par l'homme depuis plusieurs milliers d'années et qui est à l'origine des premières « biotechnologies » – la production du pain et de la bière par fermentation. Bien avant l'être humain, c'était la première fois en effet que le génome d'un organisme eucaryotique était déchiffré, un résultat rendu possible grâce à une collaboration européenne de grande envergure, mobilisant plus d'une centaine de laboratoires pendant sept années. Pour la première fois donc, le patrimoine génétique complet d'un organisme complexe était connu. Les chercheurs possédaient désormais les outils et les données nécessaires pour élucider la biologie moléculaire de cette cellule vivante et partant mieux comprendre certains phénomènes fondamentaux comme la vie, la mort, la maladie. L'un des résultats de ces travaux était qu'une moitié des gènes de la levure est identique ou homologue à des gènes humains. Étonnant ! Et c'est en effet l'un des principaux messages que nous avons passés aux journalistes à cette occasion.

Or, après la présentation du projet, un journaliste espagnol demanda au coordonnateur de ces recherches : « Pouvez-vous expliquer en termes simples ce que vous avez réellement découvert ? » Le chercheur en question changea alors totalement de registre et réussit en quelques mots à expliquer la portée de ces travaux en effectuant sur le champ un remarquable travail de vulgarisation, expliquant que jusque-là, les chercheurs se trouvaient face à un texte dont ils ne possédaient que des bribes. Et qu'à présent, les scientifiques, possédant la totalité du texte, étaient en position d'en comprendre tout le sens. Ce chercheur m'a avoué par la suite que la présence d'autres scientifiques, assis au premier rang dans la salle, l'avait rendu très mal à l'aise. « Je me trouvais, m'a-t-il dit, face à deux mondes opposés. » Cette expérience et la réaction du chercheur sont clairement riches d'enseignements. La façon dont les choses se sont déroulées montre avant tout qu'il n'y a pas, dans le milieu scientifique, une tradition spontanée de vulgarisation. Au contraire, tout semble indiquer que, pour un chercheur, s'adresser à des journalistes – expliquer en termes simples le contenu et les conséquences de travaux de recherche – représente un effort non naturel, qui est mal perçu par les pairs et qui, pour cette raison, reçoit encore peu de considération dans la communauté scientifique.

Scientifiques et journalistes : « Je t'aime, moi non plus »

Il est fréquent que les chercheurs associent et même assimilent communication publique et présence dans les médias. Il suffirait d'être cité ou mieux interviewé dans un média – si possible doté d'une belle audience – pour considérer que le travail de « communication » est effectué et que, en quelque sorte, le contrat moral avec le public est rempli.

Lorsque l'on aborde le thème de la communication et des relations avec la presse, les scientifiques expriment presque invariablement les mêmes reproches à l'intention des journalistes : travail de pauvre qualité, mauvaise retranscription des interviews, introduction d'erreurs, simplification à outrance, etc. Cette critique n'est pas propre, tant s'en faut, au monde de la science. « Qu'est-il pire que deux journalistes ? – Un journaliste », raconte le dicton populaire... S'adresser aux médias ferait même pire que mal : les informations données au public leur reviendraient, comme des boomerangs, en raison des maladresses de la presse... On trouve sur Internet quantité de sites qui recensent perles, erreurs et coquilles en tous genres publiées par la presse dont en voici deux exemples authentiques :

– Le 28 juin 2007, la journaliste belge Ophélie Fontana s'est « plantée » en lançant un sujet sur l'hospitalisation du Roi Albert II pour une fracture du col du fémur en ouverture du journal télévisé de la soirée sur la chaîne publique RTBf : « Madame, Monsieur, merci d'être avec nous. Nous allons tout d'abord prendre des nouvelles du Roi, je vous le rappelle, qui a été opéré mardi des suites d'une fracture du col de l'utérus. »

– L'Italie connaît à son tour sa première victime de la maladie de Creutzfeld-Jacob : il s'agit d'une belle Sicilienne de vingt-trois ans à la longue chevelure blonde, Maria Letizia. Son nom n'a pas été rendu public[78].

Les scientifiques soulignent souvent l'incompatibilité – selon eux fondamentale – qui existerait entre le travail de recherche et la pratique journalistique. Ces deux milieux professionnels étant régis par des finalités et des méthodes de travail soi-disant diamétralement opposées, la « com-préhension » – ne parlons pas de dialogue – serait impossible. Autant l'activité scientifique tendrait vers le long terme, la rigueur et la précision, autant les médias privilégieraient le court terme, la simplification et l'émotion.

[78] *Le Figaro*, 7 février 2002.

Sur quelque 800 chercheurs interrogés dans le cadre d'une étude réalisée en Italie[79], une bonne moitié dénonce – par ordre de priorité – l'ignorance des journalistes, leurs formulations trompeuses, leur emballement collectif et leur recours à des sources non fiables. L'enthousiasme – ou les cris d'alarme – de la presse peut se traduire par des titres accrocheurs et vendeurs qui, le plus souvent, ne sont pas d'ailleurs le fait des journalistes scientifiques mais des secrétaires de rédaction qui peaufinent la tonalité dans le sens voulu par les rédacteurs en chef. Les journalistes scientifiques – comme souvent l'ensemble des journalistes – sont soumis à des contraintes de temps et d'espace ne laissant guère la place à la réflexion et offrant peu de chances à des sujets non imposés de se frayer un chemin vers la « une ». Pressions renforcées par les machines des *lobbies*, les conférences de presse (souvent mal préparées et où il est plus facile de rencontrer un directeur de marketing qu'un chercheur). Or, dans ce métier particulier, Il s'agit de rapporter les faits et les zones d'ombre, ne pas trahir la pensée des chercheurs, exposer diverses positions, les avantages et les risques de telle ou telle découverte, ne pas orienter le public et ne pas prendre parti, être au-dessus de la mêlée pour ne pas désinformer. La science est le monde des hypothèses et du doute ; on n'y parle jamais de vérité, seulement de modèles et de théories.

Un reproche fréquemment adressé par les scientifiques est l'exagération des résultats et la déformation des faits dont les journalistes feraient preuve dans leurs comptes rendus. Mais l'inverse est aussi vrai. Des scientifiques soulignent parfois avec un peu trop d'enthousiasme certains éléments de leur recherche pour forcer la décision de financement[80] ou capter l'attention des journalistes. En fin de parcours, c'est l'ensemble du public – ce « troisième cercle » touché par les médias – qui souffre de cette distance et

---

[79] 1995, *Hypothesis, Science and Media survey : Final results*, Milan.

[80] Extrait du débat qui eu lieu le 12 février lors du colloque « Sciences et société en mutation » au CNRS : « On fait de l'habillage sur propositions [car] il faut montrer qu'évidemment ce projet il faut le financer parce que c'est ce qui va sauver la planète dans les 6 mois à venir. Ce qui n'est pas sérieux en soi, c'est un peu un jeu de dupes, mais tout le monde se tient un peu là-dessus. »

du manque de dialogue. Reste que depuis quelques années, différentes pistes sont suivies par les acteurs concernés pour rétablir les ponts entre chercheurs et « médiateurs ».

En méconnaissance de cause

Au risque de choquer bien des scientifiques, j'aime souligner le fait que les métiers de chercheurs et de journalistes présentent de nombreux points communs. Après tout, le travail du scientifique ne consiste-t-il pas à enquêter auprès des grands « acteurs » du monde et des « stars » de l'Univers pour nous révéler leur vie, leurs interactions et leur intimité ? Et le journaliste ne doit-il pas lui aussi mener ses enquêtes avec objectivité, multiplier les preuves et recouper ses sources pour faire éclater « toute la vérité » ? Scientifiques et journalistes ne partagent-ils pas également le fait de rechercher l'exclusivité et de travailler dans l'urgence de la priorité intellectuelle ?

Il est certain que les réserves et les sentiments négatifs des chercheurs, récurrents à travers nombre d'enquêtes, proviennent, en partie au moins, d'une méconnaissance – réciproque par ailleurs – du métier de l'autre. Un dialogue constant et structurel entre scientifiques et médias est plus que jamais nécessaire. L'objectif doit être de faire comprendre aux chercheurs que le journaliste est une interface entre la communauté scientifique et le public, mais également entre des chercheurs de disciplines différentes. Un ou une chercheur(e) s'exprimera d'autant plus clairement que le journaliste pose les « bonnes » questions, qui sont rarement celles proposées, ou espérées, par le (ou la) scientifique interrogé(e). Mais, outre le public, les questions posées seront sans doute pertinentes pour les scientifiques d'autres disciplines !

Cette méconnaissance du travail et du rôle du journaliste explique le succès, toutefois relatif, des séminaires et des ateliers qui mélangent scientifiques et journalistes en vue de faire découvrir aux uns et aux autres les us et coutumes d'un environnement qui ne leur est pas familier. Deux Australiens, Toss Gascoigne et Jenny Metcalfe, sont devenus des spécialistes mondiaux de ce type d'atelier. Ils montrent notamment qu'après une expérience d'un ou de deux jours, les opinions des scientifiques à l'égard des journalistes, et vice-versa, sont nettement plus positives ou, plus exactement, moins négatives[81].

Certaines tentatives de rapprochement ont été entreprises par les organisations de recherche elles-mêmes, dans une démarche qui n'est en rien désintéressée. En Allemagne par exemple, la Max Planck Gesellschaft accueille chaque année une dizaine de journalistes européens pour les initier au travail de laboratoire. Différentes universités européennes (notamment Barcelone, Trieste, Strasbourg, Paris, Grenoble, Belfast, Dublin, Cardiff, Londres) dispensent des formations spécialisées en « communication scientifique ». L'Unione Giornalisti Italiani Scientifici offre des bourses à des journalistes professionnels de moins de 35 ans qui présentent un projet intéressant pour leur formation et leur carrière.

L'EUSJA (European Union of Science Journalists' Associations) qui regroupe 22 pays, fait un remarquable effort pour organiser des rencontres et des réunions de travail avec des chercheurs, des visites de laboratoire, offrir des bourses de voyages à des jeunes journalistes scientifiques, effectuer tout un travail de mise à jour permanente des connaissances indispensables à ceux qui font ce métier, proposer des échanges de journalistes entre deux pays. En 2007, par exemple, ce sont la Slovénie et l'Irlande qui en ont bénéficié. Les journalistes sélectionnés ont effectué un séjour de formation en Europe, aux États-Unis, en Israël. Le dernier forum a regroupé une vingtaine de journalistes en Italie pour visiter le Science Park de Trieste et ensuite celui de Ljubljana, où ils ont pu dialoguer avec des scientifiques de disciplines aussi diverses que l'astronomie, les télécommunications et la biologie.

Dans l'autre sens, la célèbre « BA » (British Association for the Advancement of Science) propose des *media fellowships* (bourses de presse) qui permettent à des scientifiques de passer un ou deux mois dans la rédaction d'un journal ou d'une chaîne de télévision. La faculté de pharmacie de l'université de Milan organise un *post-graduate*, suivi par des scientifiques qui, dans leur métier

---

[81] *In* : Claessens, 2007.

– par exemple dans des unités de recherche de laboratoires pharmaceutiques – seront à appeler à communiquer la science.

Si les médias ont monté en épingle des affaires comme la « fusion froide », ce sont les scientifiques qui ont descendu en flamme le professeur Benveniste et sa « mémoire de l'eau » en l'accusant, non d'avoir commis une grave erreur ou une véritable fraude, mais bien d'avoir avancé des hypothèses farfelues et effectué des déclarations fracassantes à la presse…

Les critiques envers la presse, en général bien fondées, oublient l'essentiel : les médias n'ont pas pour but d'éduquer le public. Rappelons que les médias ont défini leurs propres méthodes de travail et de traitement de l'information. Tout comme, d'ailleurs, les scientifiques ! Dans une analyse désormais bien connue, Paul Caro a constaté que les articles de vulgarisation scientifique publiés dans la presse exploitent pour la plupart les trucs et ficelles de la littérature romanesque : héros, monstres, mythes divers, etc.[82] « La vulgarisation scientifique, écrit Caro, est un genre littéraire.[83] » Il y explique le succès de certains textes écrits par des scientifiques pour le grand public, notamment par le recours à un vocabulaire de nature poétique (trou noir, attracteur étrange, etc.). Et Caro de souligner que l'un des problèmes de la représentation de la science dans les médias provient du fait que nombre de travaux scientifiques sont incompatibles avec une telle approche. En miroir, ces recettes sont exploitées par certains auteurs qui arguent que, pour avoir un impact dans le public, les travaux scientifiques doivent d'abord avoir un impact sur les journalistes puisque ceux-ci en constituent le premier filtre. D'où l'importance qu'il convient d'accorder, dans une information destinée à la presse, aux illustrations, aux formules de tout genre (sauf mathématiques !) et, avant toute chose, au titre (« titrer pour être lu »[84]), etc.

---

[82] Caro P., 1994, *in : Science en Bibliothèque*, Éditions du Cercle de la Librairie, p. 125-140.

[83] *Pour la science*, 1996, n° 225, juillet, p. 5.

[84] Furet C., 1995, *Le Titre : pour donner envie de lire*, Paris, Éditions du Centre de formation et de perfectionnement des journalistes.

Les réticences des scientifiques à travailler avec la presse sont également révélatrices de leurs modes de « communication ». Au début de l'hiver passé, les conditions atmosphériques régnant au-dessus de l'Arctique laissaient présager une dégradation importante de la couche d'ozone au début du printemps – probablement de l'ordre de 50 % sur cette période. Dans le projet de communiqué de presse, nous avons suggéré comme titre : « Un trou d'ozone va-t-il se développer au-dessus de l'Arctique au cours des prochaines semaines ? » Branle-bas de combat dans le service concerné. Et discussion autour la notion de « trou d'ozone »[85]. Les scientifiques souhaitaient un titre plus neutre, plus technique. Bref, parlant plus aux scientifiques qu'au public. Comme s'il n'appartenait pas aux chercheurs d'attirer l'attention sur un problème qui prend de plus en plus d'ampleur et qui menace directement la santé publique.

Ce phénomène de refus de la prise en charge, bien mis en évidence par Marie-Claude Roland[86], est très fréquent. L'on est tenté de voir dans la prudence des scientifiques comme une fuite en avant et un refus de rester en dehors des problèmes pourtant bien réels. Les scientifiques redoutent-ils, en étant trop explicites, d'apparaître comme responsables ? La réalité est sans doute plus prosaïque : cette prudence dérive de l'attitude des scientifiques qui veillent

[85] Nous savons aujourd'hui que des températures très basses accélèrent les vitesses des réactions chimiques qui conduisent à la dégradation des molécules d'ozone dans la stratosphère. À partir de quel niveau de dégradation peut-on parler d'un « trou » ? Ce concept, expliquent les scientifiques, vaut uniquement, dans les conditions actuelles, pour l'Antarctique, où la dégradation de la couche d'ozone prend des proportions bien plus importantes. Mais si l'on doit reconnaître la pertinence des arguments des scientifiques (Il n'y a pas de quoi alarmer le public… ; la raréfaction de la couche d'ozone – aussi substantielle soit-elle – ne signifie pas pour autant qu'il existe un *trou*…) on se pose toutefois des questions : on sait que 1 % de réduction de la couche d'ozone provoque, pour la région située en dessous, une augmentation d'environ 1,5 % du rayonnement ultraviolet.

[86] 2007, *EMBO Reports*, Vol. 8 : 424-428.

essentiellement à ne pas s'exposer à la critique de leurs collègues en transgressant les limites de leur domaine et en se déplaçant sur le terrain non scientifique. En communiquant avec le grand public, les scientifiques communiquent aussi – et avant tout – avec leurs collègues directs. Dans ce contexte, ils veillent surtout à ne pas heurter des susceptibilités, d'où leur souci d'apparaître, en « bons soldats », confinés à leur poste… Donc, ils sont attentifs à ne pas marcher sur les plates-bandes des voisins ! Et à parler en « scientifiques ». N'oublions pas que les chercheurs ne cessent de s'auto-évaluer et que leur capital réside aussi dans la crédibilité qu'ils inspirent auprès de leurs collègues… Mais la politique du « chacun chez soi » est aussi un frein à la communication publique.

La dictature du chiffre

« Trop d'information tue la transformation. »

Olivier Lockert

Ce chapitre se veut être un petit guide pratique de l'incommunication scientifique. Des exemples concrets mettent en lumière erreurs, fautes et actes d'incommunication publique. Petite visite des fourneaux de l'« info », là où se concoctent ces plats de science qui nous sont servis au fil des jours…

Au cours des dernières années, les médias ont largement couvert les crises à dimension technoscientifique et les oppositions à certaines avancées de la recherche. Ils portent sans nul doute une certaine responsabilité dans l'état actuel de l'opinion publique et contribuent à rendre les Européens méfiants à l'égard de la technoscience. Le problème est cependant plus fondamental. L'information scientifique et le mode de communication des chercheurs entre eux influencent, comme nous allons le voir, le contenu, le type et même la répartition temporelle des informations sur les sciences et les techniques qui sont diffusées vers le public.

Il est certain que les médias jouent un rôle crucial dans le processus d'alerte et de sensibilisation du public aux avancées de la technoscience. Ce qu'écrivait le Comité des Applications de l'Académie des Sciences en 1996 est toujours d'actualité : « C'est l'ensemble des médias, des journaux à la publicité en passant par l'audiovisuel, qui font réellement passer les résultats scientifiques dans la culture, mais naturellement pas sous une forme acceptable pour les scientifiques comme pour les pédagogues. » (Académie des Sciences – CADAS, 1996) Ce qui n'est pas sans conséquence pour l'image de la science dans nos sociétés.

À ce sujet, il nous faut souligner que le traitement de la science dans les médias donne la priorité aux nouvelles chiffrées. Et donc aux « nouveaux chiffres ». C'est la norme voulue par une société technoscientifique qui prône la raison mathématisée et l'intelligence logique. C'est aussi le résultat de l'évolution des mœurs médiatiques qui font qu'une *news* est formatée et cadrée, à la radio ou à la télévision, en à peine une minute. Une minute[87] !

Il est patent que le mode de communication des scientifiques contribue à cette numérisation de l'information et qu'il en constitue sans doute la source première. Les chercheurs préfèrent traiter du « comment » en place du « pourquoi », évitent les questions de société et produisent, par leurs travaux, des volumes considérables d'informations techniques et de données numériques. Extraits de leur contexte, déconnectés des hypothèses de base, coupés de leurs références ou privés de leurs unités, les chiffres apparaissent dépecés de leur science. Et si le chiffre tient lieu de discours et que les mots se limitent aux nombres, où le citoyen trouve-t-il son compte ?

Le chiffre peut être simplificateur à outrance, sinon trompeur. Le réchauffement climatique ne se réduit pas à la température du globe ; le développement économique d'un pays ne se mesure pas par la croissance seule et le QI n'est pas la mesure de l'intelligence. Deux facteurs expliquent ces excès. Le premier tient au statut du chiffre dans notre société, utilisé qu'il est pour classer, trier, hiérarchiser toutes sortes de choses – des écoliers aux œuvres d'art en passant par les entreprises, les employés et la qualité de la vie. Le chiffre est supposé donner, *per se*, une valeur objective et scientifique à l'information. L'argument est à la fois épistémologique et historique : les chiffres arabes ayant porté la science moderne sur les fonds baptismaux, ceux-ci s'identifient désormais à l'efficacité opérationnelle de celle-là[88]. Ils en constituent

---

[87] Consulter à ce sujet l'excellent site Internet de l'Institut national de l'audiovisuel français, qui propose notamment un baromètre des journaux télévisés. On y apprend par exemple que pour le deuxième trimestre 2007, la durée moyenne d'un reportage sur les chaînes TF1, France 2, France 3, Arte, Canal+ et M6 était de 1'24" tous domaines confondus. La durée moyenne d'un reportage de sciences et techniques était, pour la même période, légèrement inférieure, à 1'15". Notons aussi que les reportages de sciences et techniques ne représentaient que 2 % de l'offre des JT pour cette période.

[88] Sous la pression des milieux financiers, les chiffres arabes remplacèrent au XVIe siècle les chiffres romains, bien moins adaptés aux opérations complexes telles que le calcul des intérêts composés.

le symbole le plus éloquent. Le second facteur est peut-être une certaine paresse intellectuelle et la recherche d'un certain confort. En vulgarisant les problèmes, le chiffre nous simplifie tellement la vie ! Il est quand même bien plus facile et pratique de parler de QI que d'intelligence !

Les médias servent des plats de science « sauce maison » et les relèvent d'épices numériques malheureusement ajoutées en trop grandes quantités et à mauvais escient car ils parviennent à en éteindre les saveurs et couleurs naturelles. On ne voit et ne goûte plus que du chiffre ! Avant de porter un toast à la science, petite incursion dans les cantines : quelques suggestions pêchées dans des chiffonnades d'infos ou au cours de mes escapades derrière les fourneaux de l'info. Sans tamiser en ne retenant que les essais culinaires manqués et en écartant les succès gastronomiques, j'ai simplement cueilli, au fil de quelques journées, ce qui me tombait sous la dent ! Les saveurs qui suivent sont révélatrices des menus scientifiques proposés par les médias. J'en tairai donc les sources car la dégustation vise à plus révéler les plats proposés que les chefs qui les ont concoctés.

En juin 2007, un article sur le réchauffement climatique. Le titre : « CO_2 : les émissions à la baisse en Europe ». Sous-titre : « Un hiver doux explique en partie la diminution de 0,8 % pour l'année 2005. » D'abord, l'auteur ne précise pas si ce bilan des émissions n'inclut que celles d'origine humaine. Et notons au passage l'imprécision du sous-titre : il eût fallu écrire « leur » diminution (celle des émissions). L'article énumère ensuite une kyrielle de chiffres : évolution des émissions au cours des dernières années, données concernant certains pays qui se distinguent du lot, comme la Finlande (– 14,6 %, sans que l'année de référence ne soit mentionnée !). Mais quel est l'intérêt de ces « – 0,8 % » ? Est-ce regrettable ou, au contraire, encourageant ? Un paragraphe plus loin analyse la portée de cette variation… Je défie quiconque de comprendre ! D'abord : « De là à imaginer que cette tendance est suffisante pour atteindre les objectifs du protocole de Kyoto (– 8 % entre 1990 et 2012), on en est loin. » Puis : « Les rejets de l'Europe des Quinze sont en repli de 1,5 % depuis 1990 […], et même de –7,9 %[89] pour les Vingt-Sept », et plus loin : « Pour l'Agence européenne, le Vieux Continent devrait parvenir à tenir ses engagements. » Comprenne qui pourra… L'article ne revient pas sur le lien particulièrement complexe entre émissions de CO_2 et réchauffement climatique… Car le changement climatique a lui-même un impact sur les émissions de gaz à effet de serre. Des températures plus élevées que la moyenne entraînent une baisse des rejets de CO_2 en hiver mais une hausse en été en raison notamment du recours intensif à la climatisation.

Poursuivons avec une autre dépêche : « Avec 44 satellites à lancer, Arianespace affiche un carnet de commandes record ». L'article nous apprend que la société européenne a reçu des commandes pour 44 satellites, « un record » selon son président directeur général. Mais l'article ne nous dit pas combien de commandes ont été passées l'année précédente. Ce record, est-il conjoncturel ou résulte-t-il d'une quelconque stratégie ? Que nous apprend l'article ? Que le lanceur européen a bénéficié des difficultés de ses concurrents et qu'un contrat-cadre a été signé avec la société SES, le plus gros opérateur de satellites du monde. En revanche, rien sur les résultats. Et 44 satellites, pour quoi faire ? Quelle est la part du militaire dans les commandes enregistrées ? Le site Internet d'Arianespace précise que la production de 44 satellites représente trois années d'activité, soit une moyenne de 15 satellites par an et que 12 satellites ont été lancés en 2006. Les chiffres, ici, indiquent plus une continuité qu'une exception, une progression plus qu'une révolution. C'est l'annonce commerciale par excellence.

Du côté des chaînes télévisées, fin juin 2007, la grippe aviaire réapparaît au JT de 20 heures. Son incubation serait-elle terminée ? La *news* fait 13 secondes. Texte intégral : « La France a décidé de renforcer, ce soir, son dispositif de prévention et de surveillance des volailles et des oiseaux sauvages, après la découverte de cas de grippe aviaire en Allemagne… Aucun cas n'a été recensé en France, en revanche, en 2007, rappelle le ministère de l'Agriculture… » Au téléspectateur qui ne suit pas régulièrement

---

[89] Le repli devient négatif : s'agit-il d'une augmentation ? (Nda)

l'actualité de la grippe aviaire de deviner si les cas détectés en Allemagne concernent des êtres humains ou des volailles ! La *news*, dépourvue de toute information de fond, mentionne « des cas » (un nombre indéterminé) et précise qu'« aucun cas n'a été recensé en France », soit exactement 13 secondes pour rassurer la population, tout comme la citation précédente rassurait les actionnaires !

Quelques jours plus tard, suit une information dans un domaine différent : « Un agrocarburant alternatif à l'éthanol proposé par une équipe américaine ». L'article explique qu'une équipe de chercheurs américains a mis au point « une nouvelle méthode de transformation de l'amidon », qui « aboutit à la synthèse d'un nouveau carburant liquide, le diméthylfurane (DMF), dont les propriétés semblent prometteuses. Sa densité énergétique est en effet 40 % supérieure à celle de l'éthanol ». Qu'est-ce que cette densité énergétique ? Aucune définition n'est donnée. Nous pouvons en déduire vaguement que le composé devrait produire environ 40 % d'énergie de plus que l'éthanol. Mais à quel prix ? Et quelles en sont les contreparties ? L'article explique que le DMF a été obtenu « en transformant l'amidon pour obtenir du fructose, qui lui-même a subi deux catalyses » (des précisions très techniques comme issues d'une publication scientifique). L'article fait l'impasse sur une question essentielle : reste notamment « à évaluer les qualités du DMF comme carburant ». Sidérant ! L'article propulse à la une un nouveau carburant dont on ignore s'il en possède les caractéristiques…

Parmi les derniers exemples en date, le record de vitesse du TGV obtenu le 3 avril 2007. Les médias nous ont, à cette occasion, abreuvé de données numériques : vitesse de pointe (574 km/h), budget investi (30 millions d'euros), nombre d'essais, caractéristiques techniques de la machine, etc. À la bonne question : « À quoi sert cette performance industrielle ? » Le porte-parole de la SNCF a répondu : « Au-delà de l'aspect belle carte de visite, le record permet de vendre à l'étranger le label français "TGV" ; il légitime une sorte d'expertise en la matière vieille de 26 ans. » Bref, le record ne sert qu'à offrir une belle vitrine technologique.

Terminons par cette annonce : « Le successeur de Hubble sera européen à 15 % ». Un titre sans doute assez obscur pour la plupart des lecteurs. Il est ici question du télescope spatial qui succédera en 2013 au télescope Hubble, qui gravite autour de la Terre depuis 1980 et a pris des clichés astronomiques d'une qualité et d'un intérêt exceptionnels. Le titre peut laisser entendre que ce nouveau télescope sera construit à 15 % par les Européens. Erreur ! Le chiffre se réfère au temps d'observation pour lequel les astronomes européens auront un droit d'accès d'environ 15 %. Est-ce beaucoup ou pas assez ? Mystère. Et à quoi ce temps sera-t-il voué ? De nouveaux champs d'observation seront-ils ouverts par cette merveille de la technique ? Mystère. L'article est purement technique : taille du miroir, constructeurs impliqués, coût total. Impossible, donc, d'estimer l'importance et l'impact de cet instrument pour la connaissance et la science européennes.

De tels exemples – qui, rappelons-le, n'ont rien de particulier – montrent aussi que les informations données par les médias se concentrent sur les aspects techniques des avancées.

La face cachée du chiffre

Ce traitement des sujets techniques et scientifiques constitue une limite et même un obstacle à l'information du public. Tant qu'une recherche est en cours, les publications sont rares ou inexistantes et peu de données validées sont disponibles. Si aucune action de « communication publique » n'est entreprise, la recherche restera confinée dans les murs du labo et ne s'exposera aux médias, donc au public, qu'une fois aboutie. Et ce dernier ne prend réellement connaissance des recherches qu'une fois celles-ci terminées et publiées. Souvenons-nous du choc créé par la naissance de Dolly ! Plus récemment, en juin 2006, à l'occasion de l'inauguration du Centre Minatec, les Grenoblois se découvrent voisins des nanotechnologies controversées, et ceci en l'absence d'un véritable débat public.

Cet événement a une fois de plus confirmé l'échec de l'interaction science-société. Même les scientifiques tirent la sonnette d'alarme ! Ainsi, le physicien Vincent Comparat : « Le débat qui devrait avoir lieu dans la société est bien mal parti. […] Face aux réactions négatives, [les thuriféraires des « nano »] se déclarent prêts au débat alors qu'ils ont déjà pris leurs décisions. Mais pour construire un vrai débat, il convient d'abord de reconnaître que les peurs face à de nouvelles technologies sont des signaux d'alerte essentiels et positifs. Le doute est constructif alors que la certitude est bien souvent mère des totalitarismes.[90] » Un panel de scientifiques avait cependant remis le 22 septembre 2005 un rapport à la Métro de Grenoble[91] recommandant aux autorités d'organiser une conférence de citoyens dans un an. Le panel écrit notamment de « [… prendre] acte de ce que les nanotechnologies sont devenues un « problème public » dont de multiples acteurs se sont saisis ou peuvent encore se saisir de façon variée. L'enjeu est de mettre en œuvre des dispositifs permettant le développement d'un débat public ouvert à l'ensemble des acteurs concernés par le développement des nanotechnologies. Il ne s'agit pas de débattre pour débattre mais véritablement d'organiser, le plus largement possible, la confrontation des positions et des intérêts en présence et de mettre en évidence les points d'accord et les divergences. » Au cours de la construction du pôle, c'est en effet un étonnant silence des responsables scientifiques et politiques, s'affairant en coulisse, qui vaudra réponse aux interrogations du public grenoblois et aux allégations des opposants aux technologies nano, bio etc., réunies par le mouvement « Pièces et main d'œuvre » sous le vocable de « nécrotechnologies »[92]. Le même type de problème a surgi lors de la commercialisation des premiers OGM par Monsanto à la fin du siècle passé même si, dans ce cas, les recherches étaient restées confidentielles pour préserver les secrets industriels.

A contrario, le lancement de gros projets de recherche est parfois l'occasion d'une annonce de presse. Précisément parce que

---

[90] Comparat V., *Vivantinfo* du 23 novembre 2006.

[91] *Les publics grenoblois peuvent-ils participer aux choix scientifiques et techniques ?,* Rapport de la Mission pour La Métro, 22 septembre 2005, http://sciencescitoyennes.org/article.php3?id_article=1387

[92] *Le Monde* du 11 juin 2006.

des chiffres sont alors disponibles et rendus publics : le budget, le nombre de partenaires et de chercheurs impliqués, etc. À ce moment-là, seules des grandes lignes de recherche sont tracées (il ne saurait d'ailleurs en être autrement) et les conséquences sociétales sont, au mieux, évoquées. Toutefois, si la recherche gagne ainsi en visibilité, il n'est pas sûr qu'elle soit appréciée à sa juste valeur. Car ce type de « communication » soutient l'idée que le succès d'une recherche dépend des moyens mis en œuvre. Par exemple, le titre « Un projet de recherche va consacrer 15 millions d'euros au cancer sur 3 ans » sous-entendrait que les résultats sont proportionnels au montant du chèque. C'est le modèle linéaire dans toute sa splendeur : payez les chercheurs et l'innovation suivra ! Dans cette perspective, les hommes et les femmes acteurs de la recherche ne sont que les agents révélateurs de la science, qui apparaît dès lors non comme une dynamique humaine et sociale de la connaissance mais comme une technique produisant de longues séries de chiffres.

Comment faire la part des chiffres ?

Sous le vernis scientifique, les données présentées par les médias sont souvent incomplètes, imprécises et non pertinentes. Résultats présentés sans point de référence, erreurs d'unité, confusions entre valeurs absolues et relatives : le chiffre est paradoxalement le support idéal de l'approximation et de la manipulation. Comment le public peut-il, sur des questions scientifiques et techniques, trier le bon grain de l'ivraie ? Comment déceler une erreur d'une manipulation ?

Il est fort regrettable, dans ce contexte et dans nos sociétés, qu'un véritable journalisme d'investigation technique et scientifique soit toujours absent. La très grande majorité des médias reprennent tels quels des résumés de travaux publiés par les grandes revues scientifiques, des communiqués de presse des institutions de recherche ou les propos de sommités de la science. Et le lecteur ou l'auditeur dispose rarement de l'analyse critique qu'il est incapable de réaliser lui-même afin de se forger sa propre opinion ! Rappelons que les grandes revues scientifiques imposent aux chercheurs de citer leurs sources de financement. Cette caractéristique première d'une presse de qualité, devrait s'appliquer en science aussi. Car toute recherche repose sur des options, des choix et des hypothèses qui doivent être clairement annoncés et qui peuvent et doivent être confrontés.

Les conditions ne sont pas réunies pour favoriser un véritable journalisme d'investigation. D'abord parce que l'attitude des chercheurs à l'égard des journalistes repose sur un malentendu fondamental. Les premiers estiment que les seconds doivent seulement reproduire leurs paroles ou leurs mots. Et considèrent que la notion de « journalisme d'investigation scientifique » est tout simplement un non-sens ! Le système actuel n'autorise pas la critique des travaux et des données qui ont fait l'objet de publications dans les meilleures revues du monde, hormis dans le cadre de travaux scientifiques subséquents : comment un journaliste, même « scientifique », pourrait-il prétendre remettre en question le mode opératoire et les postulats validés par les principales autorités scientifiques ?

Très clairement, les pratiques de « communication » de la communauté scientifique ne favorisent pas le développement d'un journalisme d'investigation scientifique. Les grandes revues internationales et les services de presse des organismes de recherche sont devenus des « sociétés de communication professionnelles ». Quel(le) journaliste a la possibilité, dans ces conditions et dans les temps impartis, de faire une enquête approfondie sur les hypothèses, les options et les choix qui ont été opérés par les chercheurs ? L'énorme production scientifique, l'hyper-fragmentation des domaines de recherche et le statut précaire des journalistes scientifiques (domaine de la presse qui comprend le taux le plus élevé de *freelances*) sont autant de facteurs qui limitent l'investigation, favorisent les effets d'annonce et, par conséquent, institutionnalisent l'information à destination du public. De plus, les informations reprises par la presse au sujet d'une publication scientifique concernent le plus souvent une recherche déjà terminée, ou en voie de l'être. Compte tenu des pratiques de « communication » de la communauté scientifique, il y a dans nos sociétés une grosse lacune d'information sur les recherches en cours et, plus encore, sur la science en friche.

Un devoir de non-réserve

Même si des ponts sont quelquefois jetés, afin de faciliter la communication de la science, les chercheurs ont-ils pour autant l'obligation de sortir de leur tour d'ivoire et de communiquer avec le public ? Selon certaines législations nationales – comme c'est le cas en France par exemple – la diffusion de ces connaissances représente l'une des missions des scientifiques, au même titre que les activités de recherche et d'enseignement. Nombre d'universités et de grands laboratoires possèdent, à travers toute l'Europe, des responsables de la « com » qui organisent des journées « portes ouvertes », diffusent des brochures de vulgarisation et se chargent d'orienter les journalistes en quête d'information. Diverses initiatives visent à élargir systématiquement la diffusion des travaux des chercheurs, comme celle d'assortir les articles scientifiques ou les thèses de doctorat de résumés vulgarisés. Nettement plus exigeant, le Comité Wolfendale milite au Royaume-Uni pour qu'une obligation de divulgation du travail de recherche vers la société soit une condition à l'octroi de crédits publics. Les scientifiques percevraient-ils cette mission comme un diktat ? Ce type d'incitation est probablement l'une des mesures les plus efficaces pour développer la communication publique et elle gagnerait à être portée au niveau européen. D'une part, elle lèverait rapidement les tabous encore vivaces à ce propos, puisque le scientifique qui communique ne sera plus pour ses pairs celui qui travaille à son auto-promotion, mais un chercheur remplissant simplement ses missions. D'autre part, elle pourrait conduire nombre de scientifiques, notamment ceux issus de disciplines peu médiatiques – ou moins médiatisées –, à rechercher de nouvelles voies de diffusion. Au même titre – et peut-être plus encore – que l'enseignement, la vulgarisation et la communication sont de puissants moyens d'apprécier les choses avec une certaine distance et de porter un nouveau regard, souvent très enrichissant, sur ses propres pratiques.

« *There is no such thing, as bad publicity* », affirment, avec le pragmatisme qu'on leur connaît, les Anglo-Saxons. Le problème, on l'a vu, n'est pas tant la presse que l'idée que se font les gens, et les scientifiques en particulier, de la presse. Les décisions prises par les médias sont souvent complexes et le choix d'une information peut dépendre du climat subjectif du moment ou de la qualité d'une photo. Les médias ne doivent donc pas apparaître comme le bouc émissaire de la « communication de la science » dans nos sociétés. Les problèmes sont ailleurs aussi, à commencer par le secteur de l'éducation et le milieu scientifique lui-même. Mais, outre une indispensable rénovation de l'enseignement scientifique, un changement « culturel » doit également se produire dans la communauté des chercheurs. La science agit aujourd'hui à tous les niveaux de la société et les citoyens, en retour, expriment leurs craintes, leurs soucis ou simplement leurs questions.

Or, la tour d'ivoire est toujours debout ! La technoscience, par exemple, n'est toujours pas vécue par ceux qui la font comme une culture. Une tradition de rétention d'information, voire de secret, confortée aujourd'hui par l'importance prise par les recherches industrielles, est toujours bien vivante. Il y a quelques années, le très sérieux *New England Journal of Medicine* recommandait à ses lecteurs (des chercheurs et des médecins pour l'essentiel) d'éviter les journalistes : « Si vous vous sentez piégés, soyez confus : vos propos ne seront pas repris s'ils sont trop techniques[93] ». Dans le même esprit, des collègues de la Commission européenne me demandaient de bien vouloir rédiger un communiqué de presse sur un projet de recherche dont ils veillaient au bon déroulement tout en recommandant « de ne pas le diffuser à l'extérieur » !

Tchernobyl a frappé deux fois

Revenons sur ce qui s'est passé lors de trois crises qui ont marqué l'opinion européenne : l'accident de Tchernobyl, la maladie de la vache folle et l'épizootie de grippe aviaire. En effet, leur couverture est révélatrice du traitement par les médias de l'actualité scientifique et technologique. Les comptes rendus montrent en particulier la prééminence du chiffre dans le processus d'emballement médiatique et politique, concentrant les feux de la presse

[93] Cité par Nelkin D., 1994, *Public Understanding of Science*, vol. 3, p. 25-31.

sur les aspects numériques de la crise, qu'il s'agisse du nombre de victimes, des coûts ou des causes. Les crises à dimension scientifique sont par excellence des « communications » par le chiffre. Accessoirement, ces récits mettent en lumière les erreurs et fautes de « communication de crise », voire les actes d'incommunication publique commis par les intervenants, accréditant l'idée d'un vaste bricolage maison…

L'accident de Tchernobyl[94] est un bel exemple de la « communication » par le chiffre. Ou plus exactement par les chiffres car, pour incroyable que cela puisse paraître, il n'existe toujours pas, plus de vingt ans après la crise, de bilan définitif et accepté par la communauté scientifique du nombre de victimes humaines. Au total, plus de dix pays seront touchés par le nuage radioactif, représentant une population de plusieurs centaines de millions d'habitants. Le nuage atteint la France le 29 avril 1986. S'ensuit une polémique sur l'importance de la contamination radioactive du territoire, qui est dans un premier temps une réelle occultation, tout à fait dans la ligne d'action du lobby atomique français. L'instruction est en cours depuis 2001 mais le bilan global fait toujours défaut.

Une étude menée par l'Agence internationale de l'énergie atomique des Nations unies (AIEA) et l'OMS, publiée en septembre 2005, a conclu que les conséquences sanitaires de l'accident étaient moins graves qu'on le craignait et a estimé que de 4 000 à 9 000 décès maximum pourraient être attribués à

---

[94] Le 26 avril 1986 au matin, le réacteur n° 4 du site nucléaire de Tchernobyl, en Ukraine, explose et projette des débris hautement radioactifs dans l'atmosphère. Un incendie fait rage dix jours durant, pendant lesquels des quantités importantes de particules et de gaz radioactifs sont rejetées à plusieurs kilomètres de hauteur. D'après l'Organisation mondiale de la santé (OMS), la quantité totale de matériaux radioactifs répandus dans l'environnement équivaut à 200 fois les rejets consécutifs à l'explosion des bombes d'Hiroshima et de Nagasaki. Tchernobyl est situé à 130 km de Kiev et à plus de 2 000 km de la France. Des vents du Sud-Est vont pousser d'abord le nuage radioactif vers la Biélorussie et la Pologne, ensuite vers la Suède et la Finlande, qui donnent l'alerte. Le 28 avril, des vents de l'Est poussent le nuage vers l'Europe centrale.

l'explosion, principalement en raison de cancers (tyroïde, reins, leucémie, etc.). Mais, le communiqué de presse de l'AEIA mentionne seulement, de façon maladroite, la limite inférieure et parle d'« … un total de 4 000 personnes qui pourraient éventuellement mourir suite à l'exposition à la radioactivité dégagée par l'accident de Tchernobyl survenu près de 20 ans plus tôt ». Une étude commandée par le groupe des Verts du Parlement européen, regrettant « vingt années de minimisation systématique, de secret, de mauvaise information et de mauvaise compréhension des effets de la catastrophe de Tchernobyl », a quant à elle conclu qu'entre 30 000 et 60 000 personnes mourront de façon prématurée suite à l'explosion du réacteur. Et une troisième publication présentée en avril 2006 par l'association Greenpeace, signée par une cinquantaine de scientifiques du monde entier, a estimé que la catastrophe pourrait, à long terme, causer plus de 100 000 décès prématurés liés à des cancers. Le professionnalisme et la crédibilité de l'AIEA ne font aucun doute mais cette organisation apparaît aussi comme le porte-parole du *lobby* nucléaire. Et Greenpeace se fait régulièrement la voix des anti-nucléaires…

Qui sont les experts derrière ces travaux ? Et qui dit vrai ? La vérité est sans doute que les trois rapports mentionnés ci-dessus, rédigés par différents groupes d'experts, sont tous valables, du moins dans l'état des connaissances actuelles. Ils diffèrent par les hypothèses qu'ils contiennent, par les données qu'ils prennent en compte, par les modèles qu'ils utilisent, par les approximations, toujours nécessaires dans de telles situations complexes, qu'ils effectuent, et donc par les conclusions sur lesquelles ils débouchent. Mais il est extrêmement difficile d'identifier les chiffres qui sont au plus proche de la vérité, si tant est qu'une vérité existe. Étant donné les quantités de produits radioactifs rejetés et l'étendue des territoires contaminés, il n'est pas impossible que des millions de personnes – oui des millions ! – verront leur vie raccourcie, mais peut-être de quelques fractions de secondes seulement. Donc, au sens strict, des millions de personnes mourront prématurément à cause de l'accident de Tchernobyl. Je pense que personne, à l'heure actuelle, n'est en mesure de pouvoir démontrer que cette affirmation est fausse. Il y a bel et bien eu une contamination et un impact à grande échelle.

Dorothy Nelkin a bien montré que les journalistes ont un faible pour les controverses qui animent les chercheurs[95]. Étudiant la façon dont les journalistes couvrent les risques techniques et scientifiques, elle a souligné la difficulté de cette tâche et a remarqué que : « ... attirés par les accidents catastrophiques, les journalistes mettent l'accent sur [...] les données qu'on se dispute et les jugements contradictoires ». L'accident de Tchernobyl en est une belle illustration. Loin de transmettre au public un savoir qui puisse rassurer le public, le travail des médiateurs scientifiques a, au contraire, mis en évidence les lacunes de ce savoir et les divergences des spécialistes sur le sujet au risque d'éclipser le dossier de fond.

Même si les estimations du nombre réel de victimes ne font toujours pas l'unanimité, il y a eu aussi un problème d'information spécifique à la France. Dès le départ, les autorités responsables ont minimisé l'importance de la contamination au-dessus du pays. Mais l'évolution de la situation va créer le doute. Département attaché au ministère de la santé, le Service central de protection contre les rayonnements ionisants (SCPRI) avait publié des communiqués rassurants entre le 29 avril et le 5 mai 1986. Le premier communiqué précisait par exemple que, compte tenu de la distance et de la décroissance dans le temps, la détection de radioactivité en France ne serait qu'un « problème purement scientifique », une question de pure métrologie donc, susceptible de n'intéresser que les chercheurs pointus de ce domaine. Les médias ont donc pu écrire, dans un premier temps, que « le nuage de Tchernobyl s'était arrêté à la frontière de la France ». En réalité, le *lobby* nucléaire français a correctement fait son travail, main dans la main avec les plus hautes autorités qui, chaque matin, vidaient les marchés de l'Est de la France et y organisaient des arrivages massifs de fruits et légumes en provenance des régions non touchées.

---

95 Nelkin D., 1987, *Selling Science : How the Press Covers Science and Technology*, New York, W. H. Freeman and Co.

C'est pour réagir à la position officielle qu'un groupe de citoyens s'est mobilisé en créant en 1986 la Criirad (Commission de recherche et d'information indépendante sur la radioactivité), qui est à l'origine de la plainte déposée en 2001. La Criirad estime que les taux de contamination publiés par le SCPRI ont été largement sous-estimés, en moyenne par un facteur mille environ. Dans *Le Figaro* du 13 mai 2005, Fabrice Nodé-Langlois croit savoir qu'il serait aujourd'hui « bien établi que le SCPRI a menti par omission, et n'a pas rendu publiques toutes les mesures de radioactivité dont il disposait ». Le 31 mai 2006, suite à l'action intentée par plusieurs centaines de victimes françaises de cancers de la thyroïde, l'ancien directeur du SCPRI a été mis en examen pour « tromperie aggravée », la justice lui reprochant d'avoir sous-estimé l'ampleur de la radioactivité consécutive à la traversée de la France par le nuage de Tchernobyl ainsi que son impact sanitaire. L'Institut national de veille sanitaire (INVS) et l'Institut de radioprotection et de sûreté nucléaire (IRSN) ont conclu en 2000, au terme d'une étude épidémiologique portant sur 2,3 millions d'enfants des régions de l'Est de la France, que de 7 à 55 cas de cancer de la thyroïde supplémentaires sont attribuables à l'accident de Tchernobyl dans cette population pour la période 1991-2015. Mais on estime, dans cette population, le nombre de cancers dits spontanés de ce type, non attribuables à Tchernobyl, à 900 environ. Et la marge d'erreur est de plus ou moins 60 cas.

En conclusion, il n'existe à ce jour aucune preuve scientifique que les pics de radioactivité enregistrés en mai 1986 aient entraîné une augmentation du nombre de cancers de la thyroïde en France. Le jugement pourrait donc donner raison à chacune des parties : la radioactivité a été plus importante que ce qu'on a dit mais pas suffisamment pour créer un impact détectable sur la santé. Dans un contexte de risque majeur pour la santé de millions d'individus, les chiffres ont été l'argument final. Mais, en même temps, ils ont été utilisés pour dire tout et son contraire. Et le poids des chiffres, ainsi que leur valeur, ont suffi à dérouter l'opinion publique, qui ne comprend pas que l'on puisse parler d'une « hausse de la radioactivité » et dire en même temps que le territoire a été « totalement épargné ».

La leçon de Tchernobyl a-t-elle porté ses fruits ? Jean-Pierre Dupuy nous interdit de le penser : « L'espoir est à bannir, car le mot est devenu synonyme d'attente béate que la technologie nous sorte d'affaire, comme, pense-t-on, elle l'a toujours fait dans le passé. C'est cet espoir qui donne aujourd'hui à la course de l'humanité l'allure d'un grand mouvement panique dont personne ne peut plus s'extirper.[96] »

Une non-catastrophe

La crise de la vache folle est un cas emblématique du phénomène d'emballement médiatique décrit par Daniel Schneidermann comme une « symbiose miraculeuse entre les discours publics et les attentes intérieures », qui est désormais à l'origine de toute crise, les médias étant à la fois observateurs et acteurs de celle-ci. Dans ce cas également, le nombre est au centre de la « communication » ; en l'occurrence, le nombre de victimes et le nombre de cas du nouveau variant de la maladie de Creutzfeldt-Jakob. Ce sont d'ailleurs ces nombres qui ont officialisé l'état de crise. L'apparition d'un seul cas au Canada en mai 2003 puis celle d'un autre aux États-Unis en décembre de la même année auront suffi à déclencher la crise outre-Atlantique et à interrompre la filière bovine. On est donc dans un mode de fonctionnement binaire, typique d'une situation d'emballement : 0 cas = RAS (rien à signaler) ; 1 cas = crise. Passer de 0 à 1 (cas) constituait en effet un saut qualitatif majeur, qui donna un sérieux coup de frein aux discours lénifiants visant à rassurer les populations et affirmant que la maladie de la vache folle ne concernait que les vaches ! L'apparition d'un cas au Canada puis aux États-Unis mit aussi sur la place publique une réalité occultée jusque-là, à savoir que le nouveau continent n'était pas l'abri de l'ESB.

Rappelons brièvement les faits. En 1986 apparurent en Grande-Bretagne de nombreux cas d'encéphalopathie spongiforme bovine

---

96 *Le Nouvel Observateur* du 23 juin 2005. Voir aussi Dupuy J.-P., 2006, *Retour de Tchernobyl. Journal d'un homme en colère*, Paris, Seuil.

(ESB), rapidement baptisée par les médias « maladie de la vache folle ». Celle-ci souleva rapidement de nombreuses questions, à commencer par l'alimentation animale et ses filières. Comme souvent dans nos sociétés, le public découvrit à l'occasion de crises ou d'événements exceptionnels des pratiques en vigueur depuis des années, en l'occurrence l'alimentation d'herbivores au moyen de farines animales. La maladie[97] surprit aussi doublement les scientifiques : non seulement par son éventuel transfert inter-espèces, qui venait ébranler le dogme de l'intransmissibilité, mais également parce que l'agent responsable de celle-ci semblait dépourvu d'acide nucléique, ce qui allait à l'encontre des bases mêmes de la médecine moderne, qui veulent qu'un agent infectieux soit de type viral ou bactérien et que, en tout état de cause, il possède un matériel génétique. Dans le cas de la maladie de la vache folle, l'agent infectieux ne semblait pas répondre à ce profil type.

À quelque chose, malheur est bon : ni la maladie de Creutzfeldt-Jakob – dont l'incidence est seulement de 0,4 à 1 par million –, ni la tremblante du mouton (réputée pour son intransmissibilité à l'homme et n'ayant guère d'impact économique significatif sur l'élevage) n'auraient probablement fait l'objet d'intenses recherches si la crise suscitée par l'ESB n'avait pas eu lieu. Alors que nombre d'indices plaidaient en faveur d'une infection par un virus lent, aucune particule virale ne put être mise en évidence. Dès les années 1970, des chercheurs avaient émis

[97] La plus ancienne description d'encéphalopathie spongiforme, celle de la tremblante du mouton – ou scrapie – remonte à 1732. Son caractère transmissible ne fut démontré que deux siècles plus tard, en 1938. Chez l'homme, la maladie dite « de Creutzfeldt-Jakob (MCJ) » fut identifiée en 1920, mais son rapprochement avec la tremblante du mouton ne fut évoqué qu'à la fin des années 1950. D'autres encéphalopathies spongiformes humaines sont connues mais néanmoins plus rares : le syndrome de Gerstmann-Straussler-Scheinker, l'insomnie familiale fatale ou le kuru. Ce dernier fut découvert dans les années 1950 dans une tribu de Nouvelle Guinée, où un lien fut établi entre sa transmission et un rite funéraire consistant à consommer certains organes des défunts. Le nombre de cas diminua rapidement après l'interdiction de cette pratique en 1955.

l'idée que l'agent de transmission pouvait ne pas contenir de matériel génétique, ce qui était contraire à tous les dogmes de la transmission infectieuse.

Sur le plan scientifique et aussi de la communication, il est intéressant de noter que l'hypothèse du franchissement de la barrière d'espèces qui avait été proposée ne souleva dans un premier temps que peu d'émoi chez la plupart des spécialistes et des politiques. Vieux de deux siècles, le dogme de l'intransmissibilité de la tremblante du mouton avait en effet la vie dure. Dans les années qui suivirent, les scientifiques acquirent progressivement la conviction que cette maladie pouvait se transmettre à l'homme et que la maladie humaine du système nerveux de Creutzfeldt-Jakob pouvait avoir un lien avec celle-ci. En avril 1990, un premier cas d'encéphalopathie féline diagnostiqué sur un chat à l'université de Bristol aurait dû mettre le feu aux poudres. Dans la logique du « 0/1 », ce cas montrait en effet que l'ESB peut franchir la barrière des espèces. Et que la crainte d'une possible contamination humaine était donc justifiée. Les politiques ont cependant préféré ne pas tirer toutes les conséquences de ce cas[98]. Il fallut attendre 1996, dix ans après le début de l'épidémie, pour que la phrase de conclusion de l'article du chercheur écossais Robert Will et de ses collaborateurs décrivant un nouveau variant de la maladie de Creutzfeldt-Jakob (vMCJ) observée au Royaume-Uni, validasse cette interprétation, avec le retentissement médiatique que l'on sait : « Que cette nouvelle variante soit due à une exposition à l'agent de l'ESB est peut-être l'interprétation la plus plausible de nos découvertes[99]. »

---

[98] Le 31 mai 1990, à la veille du congé de Pentecôte, le ministre de l'Agriculture Henri Nallet décréta un embargo sur les bovins vivants et les produits bovins en provenance du Royaume-Uni, ce qui eut pour résultat d'étouffer la tempête médiatique couvant à ce moment-là. Le calme revenu, il put lever l'embargo en toute quiétude quelques jours plus tard.

[99] Will R. G., Ironside J. W., Zeidler M., Cousens S. N., Estibeiro K., Alperovitch A., Poser S., Pocchiari M., Hofman A., Smith P. G., 1996, *Lancet* vol. 347, p. 921.

Suite à la publication de cet article, le gouvernement britannique ne put qu'admettre à son tour cette éventualité. Le 3 avril 1996, Londres s'engagea à éliminer tous les bovins de plus de trente mois, soit un tiers du cheptel britannique. Longtemps intraitable et contournant les directives européennes, le gouvernement britannique fut largement critiqué pour sa position dans cette affaire, perçue comme un soutien inconditionnel en faveur de l'industrie bovine et de ses intérêts financiers. Tout comme dans le cas de Tchernobyl, les autorités publiques sont ici aussi suspectées d'avoir minimisé les risques pour la santé publique.

Cependant, la décision du gouvernement britannique, qui fut présentée comme une application du principe de précaution, suscita de nombreuses critiques. Face à ce qui apparut comme un virage à 180°, plusieurs experts déclarèrent que le gouvernement avait réagi de la sorte plus par crainte de créer un mouvement de panique que sur des bases rationnelles[100] et que les responsables politiques avaient confondu précaution et interdiction. John Durant, à ce moment-là directeur adjoint du Science Museum de Londres et spécialiste des relations entre le milieu scientifique et le public, critiqua vivement les responsables politiques pour avoir mis en avant l'avis des experts afin, selon lui, de reporter sur ceux-ci la responsabilité de la décision. Ce qui était incompatible, d'après Durant, avec le fait que nos connaissances sur l'encéphalopathie spongiforme bovine étaient à cette époque-là, et sont toujours aujourd'hui, extrêmement incomplètes. En clair, les responsables britanniques ont saisi la balle de Robert Will au bond pour la renvoyer dans le terrain de la Commission européenne. En interprétant de façon très stricte les décisions de Bruxelles et en adoptant une ligne ultra-prudente, le gouvernement réussissait à sauver la face tout en se défaussant de ses responsabilités. En effet, si les données scientifiques ont confirmé la possible transmission de la

[100] *Nature*, 1996, vol. 380, p. 370.

maladie à l'homme, ces cas sont restés extrêmement rares : un cas sur dix millions d'après les estimations les plus récentes[101].

En d'autres termes, les éléments purement scientifiques de cette affaire étaient alors tellement maigres que les experts ne pouvaient prétendre être les mieux placés pour orienter les décisions finales. S'affrontant avec les politiques sur les chiffres et les prévisions, ils auraient sans doute dû insister plus explicitement et plus fermement sur le fait que leurs connaissances étaient à ce moment-là très – trop – limitées. Cela s'est retourné contre eux : les conclusions scientifiques ont été montées en épingle et, par leur transposition directe dans le champ politique, les chercheurs sont apparus, *in fine* et contre leur gré, comme les grands responsables : « Nous demandons, écrivit Durant, que les décisions de politique soient prises par les hommes politiques. Reporter la responsabilité sur les scientifiques ne peut que réduire la confiance envers la politique et la science[102].

L'affaire de la vache folle a donc vu se dérouler un scénario désormais classique, à savoir que les scientifiques endossent dans la tragédie un rôle d'alibi, voire de rempart, qui est exploité par les politiques pour se mettre à l'abri des critiques. Il y eut également, de part et d'autres, des faiblesses et des erreurs de communication, surtout au début de la crise. Bien des malentendus auraient peut-être pu être désamorcés si les scientifiques avaient d'emblée joué franc jeu, en faisant état des lacunes existantes et en insistant sur les nécessaires lenteurs de la démarche scientifique face à des questions aussi complexes. Rappeler ces « conditions aux limites » élémentaires est donc essentiel dans un contexte de crise afin de préserver la confiance du public.

Après un premier acte chaotique comme on l'a vu, la distribution semblait pourtant bien définie. Sur fond de précaution (dont les circonstances peuvent faire oublier qu'il s'agit d'abord d'un

---

[101] Mais on se rappellera qu'une vive controverse a animé la communauté épidémiologique européenne sur le nombre de victimes potentielles.

[102] *The Times, Higher Education supplement*, 5 avril 1996.

principe d'action politique), les acteurs ont fait, si l'on ose écrire, œuvre sanitaire. En séparant évaluation des risques et gestion politique, ils ont tracé une ligne claire s'apparentant, à première vue, à une frontière naturelle : la science aux scientifiques et les responsabilités aux responsables ! Ce principe de séparation est désormais mis en œuvre au niveau de la Commission européenne depuis 1997. Même si la démarche repose largement sur le mythe d'une science objective et moralement neutre, les médias ont approuvé : « L'une des leçons [de la crise] est que les avis scientifiques et les décisions politiques doivent rester séparés » a pu écrire le *Financial Times*[103].

Face aux estimations très différentes du nombre de victimes potentielles (certaines hypothèses en évoquaient plusieurs millions), le doute est revenu : qui fallait-il croire ? Les scientifiques ? Les ONG ? La presse ? Sur fond de controverse scientifique, les divergences affichées ont montré la complexité et l'ambivalence des relations entre politiques et scientifiques. Il est clair que cette confusion a été exploitée, inconsciemment au moins, par les responsables politiques lorsqu'ils se sont retranchés derrière les débats d'experts en se servant de la science comme d'un bouclier. Le *Financial Times* déplora que « Trop souvent, des actions qui auraient dû être prises par les ministres ont été retardées parce que celles-ci ont été présentées d'abord aux comités de scientifiques. Ensuite, l'avis a été accepté de façon trop peu critique. » Une situation présentant des points communs avec l'affaire du sang contaminé. Dans L'Omerta française, Sophie Coignard et Alexandre Wickham rapportent les extraits d'une note adressée par un conseiller à son ministre au moment le plus fort de la crise : « Je pense qu'il vaut mieux pour l'instant que ce soient les sommités qui parlent sur ce sujet ». Le ministre, lui, pourrait plutôt dire : « Les experts pensent qu'il était impossible à l'époque d'éviter ces contaminations »[104]. Dans une société où perdure le mythe d'une

---

[103] 26 octobre 2000.

[104] Coignard S. et Wickham A., 1999, *L'Omerta française*, Paris, Albin Michel, p. 271.

science pure et objective (avec le soutien – au moins passif – des scientifiques qui bénéficient ainsi, selon Gérard Toulouse, d'une « bulle d'impunité parfaite »[105]), on voit que cette perception ne peut que susciter malentendus et erreurs.

Philippe Roqueplo (1997), probablement l'un des meilleurs spécialistes européens de ces questions, nous invite à relativiser les positions prises par les experts ainsi que les chiffres avancés par ceux-ci : « L'acte d'expertise transgresse inéluctablement les limites de son propre savoir. Pourquoi ? Parce qu'il n'a pas la réponse à la question qui lui est posée. (...). Telle est la forme paradoxale que prend l'intervention des scientifiques, dès lors qu'ils acceptent d'exercer leur fonction d'expert, situation qui les met dans l'obligation de fournir, malgré l'insuffisance de leur savoir, cette connaissance de cause que leur demandent les politiques (...). D'où les conflits entre experts. Ces conflits sont d'une toute autre nature que les controverses entre scientifiques, lesquelles ne sont finalement rien d'autre que la pratique collective du doute méthodique. En matière d'expertise, le conflit vient des orientations subjectives qui sous-tendent les convictions des uns et des autres, et cela d'autant plus qu'il s'agit de questions complexes immédiatement liées à des choix politiques lourds. Que l'on pense à l'énergie nucléaire, à l'affaire des vaches folles, aux manipulations génétiques : il est illusoire de croire qu'on puisse être neutre sur de telles questions ! (...). L'expertise exige des scientifiques qu'ils expriment des convictions qui vont au-delà de leur savoir... ».

On notera ici que de telles considérations sont encore largement étrangères au public qui voit toujours le scientifique comme le dépeint l'imagerie d'Épinal. Selon l'enquête publiée en décembre 2007, les Européens font confiance aux scientifiques davantage qu'aux journalistes pour l'information scientifique et ceci parce qu'ils considèrent les premiers comme dignes de confiance (61 %), précis (60 %) et objectifs (39 %). La majorité de la population de

---

[105] Toulouse G., 2000, *in* : Commission européenne, *The IPTS Report*, n° 50, décembre.

l'Union préfère que les chercheurs (52 %), plutôt que les journalistes (14 %), présentent les informations scientifiques, avec des pointes en Grèce (73 %) et à Chypre (66 %). La France se situe quant à elle au-dessus de la moyenne européennc avec 61 % des personnes interrogées confirmant cette préférence.

On doit cependant se réjouir que la catastrophe de la vache folle n'ait pas eu lieu. Le nombre de victimes ne se compte ni en millions ni en milliers : à peine une vingtaine de décès en France ont été attribués à la maladie de Creutzfeldt-Jakob. Il reste que cette crise, après l'épisode du sang contaminé, a tétanisé la société française et son impact médiatique n'y est pas étranger. Selon une étude publiée par le CNRS en 2007[106], l'emballement médiatique est bel et bien une réalité : les données recueillies montrent que le taux de mémorisation d'une crise est lié moins à la nature de celle-ci qu'au fait qu'elle bénéficie d'une forte exposition médiatique. Cette exposition médiatique et les craintes du public se sont mutuellement renforcées, notamment parce que les citoyens-consommateurs ont été choqués de découvrir presque par hasard cette pratique étonnante qui consiste à alimenter des animaux végétariens au moyen de farines animales. Cette crise a donc révélé ou souligné les faiblesses de notre société de consommation, comme les imperfections de la chaîne alimentaire et les abus d'un secteur devenu industriel, mais aussi l'étendue des responsabilités et la complexité des processus de décision.

La grippe aviaire

Le virus à l'origine de la récente épizootie de grippe aviaire est apparu en 1997, mais c'est surtout à partir de l'été 2005 que le virus *Influenza* (H5N1) a occupé régulièrement la « une » des médias européens, avant d'être récemment détrôné par son cousin A (H1N1). Rappelons qu'à l'heure actuelle, l'impact sanitaire pour l'être humain est, en Europe, toujours nul. Au niveau mondial, 262 décès humains ont été comptés à ce jour[107]. On doit

---

106 Disponible sur http://www2.cnrs.fr/presse/communique/

107 Chiffre communiqué par l'OMS en août 2009.

voir dans ce déluge médiatique l'expression du risque ou plutôt de la perspective d'un risque de transmission directe « d'homme à homme » et d'une pandémie humaine consécutive, qui est largement répercutée par la presse.

À l'heure actuelle, on a pu établir que tous les virus considérés comme hautement pathogènes appartiennent aux sous-types H5 et H7. Le virus dit H5N1 infecte spécifiquement de nombreuses espèces d'oiseaux et on l'a trouvé également chez différents mammifères. En principe bénin pour les palmipèdes (qui constituent sans doute son réservoir), il tue massivement les gallinacés et peut contaminer des humains directement en contact avec des oiseaux infectés par H5N1. Ces cas, jusqu'ici très limités, se traduisent par des grippes aiguës entraînant une proportion importante de décès.[108]

Il n'y aura d'épidémie que si ce virus aviaire s'adapte à l'homme, soit par mutation, soit par recombinaison. À ce jour, les laboratoires internationaux qui analysent les virus prélevés chez les oiseaux ou les personnes malades n'ont détecté aucune souche « humanisée ». Le virus susceptible de déclencher une épidémie n'existe donc pas encore. Cependant, le niveau d'alerte reste élevé et les médias rapportent régulièrement l'apparition de cas dans les États membres de l'Union.

Comme lors de l'accident de Tchernobyl et de la crise de la vache folle, la « communication » sur l'épizootie de grippe aviaire se concentre sur les évolutions et les divergences numériques. Ainsi, la reprise, par de nombreux médias, de chiffres inquiétants publiés par l'OMS en 2006 a créé un début de panique au sein de nombreuses populations. Le 24 avril, Jean-Marc Olive, représentant de l'organisation internationale aux Philippines, a en effet déclaré

---

108 En Asie du Sud-est, depuis le début de l'épizootie, près de 400 personnes ont été contaminées et certaines en sont mortes. Si H5N1 représente donc un réel danger pour l'homme, qui n'a pas de défense immunitaire contre lui, son pouvoir de contamination demeure très faible en regard de la densité de population et des conditions de promiscuité entre animaux et humains dans cette région.

lors d'un forum dédié à la grippe aviaire qu'un milliard de personnes pourrait être contaminé lors d'une prochaine pandémie et que sept millions pourraient en mourir[109]. Une estimation qui jeta la suspicion sur l'organisation internationale, un temps soupçonnée d'avoir monté l'affaire en épingle pour tenter d'obtenir une augmentation de son budget.

Pour compliquer le tout, cet affolement numérique a coïncidé avec des erreurs d'information, comme la confusion entre les aspects vétérinaires et humains et l'exagération du rôle attribué aux oiseaux migrateurs – décrits par le *Wall Street Journal* du 8 août 2005 comme des « équivalents de missiles balistiques intercontinentaux » – dans la propagation de la maladie vers l'Europe et l'Afrique. Dans ce cas aussi, les médias s'illustrent par le rôle actif qu'ils jouent dans le développement de la crise. La progression de l'épizootie et le risque d'une pandémie meurtrière ont fait l'objet d'une très large couverture médiatique internationale qui a contribué à sensibiliser le public à cette problématique mais qui a aussi participé au sentiment général de crainte et de peur.

Comment parler, au mieux et au plus grand nombre, d'une crise épidémiologique qui n'est pas (encore) une catastrophe pour l'espèce humaine ? Comment aider les journalistes scientifiques à travailler dans ces situations de crise et leur permettre d'accéder aux meilleures informations ? La réalité est que ces erreurs et dérapages sont inévitables. Les crises nous placent, comme nous l'avons vu, dans des situations d'incertitude qui déplacent les experts vers les confins de leur propre savoir. Comme le résumait avec humour le prix Nobel, Pierre-Gilles de Gennes : « Les experts sont souvent comme les militaires. Ils sont experts de la dernière guerre mais pas de la prochaine ». Ces conflits reflètent les orientations subjectives qui sous-tendent les convictions des uns et des autres, et cela d'autant plus qu'il s'agit de questions complexes liées à des choix politiques lourds.

---

109 *Libération* du 24 avril 2006.

Avec la grippe aviaire et, plus récemment, la grippe A(H1N1), nous sommes dans une logique d'emballement médiatique. Dans le contexte actuel, la surmédiatisation de ces événements sanitaires, particulièrement en 2005-2006 et en 2009, est en partie l'expression d'un désir collectif de catastrophe, amplifié à son tour par les médias, ainsi que d'une inquiétude publique, aggravée par les inconséquences des responsables politiques et professionnels. Il reste que cette surmédiatisation a des côtés positifs. Elle accélère l'élaboration de plans nationaux de réaction et de lutte contre l'*influenza*...

Les affaires hyper-médiatisées montrent à chaque fois que l'opinion publique, plongée d'un côté dans une science en construction et un savoir en devenir, inquiète par ailleurs des conséquences potentielles pour la santé humaine, a bien du mal à faire la part des choses. Accusés de répandre les divergences numériques et les désaccords entre experts, les organes de presse participent en réalité au mouvement d'ensemble en relayant les différents points de vue et en plaçant sous les projecteurs les approches concurrentes (et concourantes). Gérer une catastrophe ou une crise, c'est gérer essentiellement ses conséquences médiatiques.

On notera aussi que la couverture médiatique de ces crises est imprégnée de la « foi technicienne » chère à Jacques Ellul. « La technique, écrivait Ellul (1954), intègre la machine à la société, la rend sociale et sociable. » Les avancées de la technique sont des progrès en soi. Pour le meilleur et pour le pire. On ne remet donc pas les techniques en question : Tchernobyl n'a pas entraîné la fin du nucléaire. Les vrais enjeux sont éclipsés par les aspects purement techniques. Le summum fut sans doute atteint par la couverture du *Monde* du 8 août 1945 : « Les Américains lancent leur première bombe atomique sur le Japon », avec ce sous-titre d'un cynisme incroyable : « Une révolution scientifique »[110].

---

[110] Albert Camus, quant à lui, écrivit le même jour dans l'éditorial de *Combat* : « On nous apprend, en effet, au milieu d'une foule de commentaires enthousiastes, que n'importe quelle ville d'importance moyenne peut être totalement rasée par une bombe de la grosseur d'un ballon de football. Des journaux américains,

Canulars, impostures et tutti quanti

Les scientifiques se plaignent régulièrement de la difficulté de faire « passer » leurs idées et les concepts scientifiques. Les crises récentes montrent cependant que certaines informations peuvent diffuser relativement vite. Trop vite, même. On objectera aussi que ce ne sont pas nécessairement les bonnes informations qui circulent. Mais les problèmes ne proviennent pas toujours des canaux ni des récepteurs, ils trouvent parfois leur origine dans la communauté scientifique elle-même.

Nous avons évoqué, dans les pages précédentes, plusieurs caractéristiques du système de recherche actuel qui peuvent interférer avec la communication de la science et brouiller les messages émis. Ce sont par exemple les multiples prises d'intérêt, la confusion des rôles de chercheur et d'expert ou plus simplement les actes d'incommunication et la rétention d'informations critiques susceptibles de nuire à certains niveaux – ou suspectées d'être susceptibles de nuire à certains niveaux, comme dans le cas de Tchernobyl[111].

Développer la culture scientifique, c'est aussi former des esprits critiques. Ce l'est d'autant plus que les pratiques d'information et de « communication » scientifiques sont loin d'être à l'abri des contrevérités. Beaucoup d'entre elles viennent des chercheurs eux-mêmes, tantôt sous la forme de subversions malicieuses destinées à tester la vigilance de leurs pairs ou la crédulité des médias et de la société, tantôt à travers de véritables impostures. Parmi celles-ci, une histoire fameuse et déjà ancienne connue sous le nom de « mystification de l'homme de Piltdown », défraya les

---

anglais et français se répandent en dissertations élégantes sur l'avenir, le passé, les inventeurs, le coût, la vocation pacifique et les effets guerriers, les conséquences politiques et même le caractère indépendant de la bombe atomique. [...] il est permis de penser qu'il y a quelque indécence à célébrer ainsi une découverte qui se met d'abord au service de la plus formidable rage de destruction dont l'homme ait fait preuve depuis des siècles ».

[111] Ce cas est particulièrement fréquent dans l'industrie. Un parmi tant d'autres : le 26 juillet 2006, la Commission européenne a interdit la commercialisation de 22 colorants pour cheveux parce que les entreprises les produisant n'ont pas soumis de dossiers prouvant l'innocuité de ces substances.

annales de paléontologie. En 1912, un certain Charles Dawson découvrit dans une carrière de Piltdown (Sussex, Angleterre) un crâne et un maxillaire qui furent présentés comme les restes d'un hominidé précurseur *d'Homo sapiens*. En 1953, il fut établi que l'homme de Piltdown était une supercherie : le crâne, artificiellement « vieilli », provenait probablement d'une tribu indienne de Patagonie et le maxillaire était celui d'un orang-outang ayant vécu il y a 500 ans. Ce qui ne fut jamais éclairci, c'est s'il s'agissait d'une fraude volontaire due à feu Dawson lui-même ou à une facétie perpétrée par des assistants du paléontologue mais il est acquis que l'opération a été montée dans le milieu scientifique.

Une autre petite perle concerne le « monoxyde de dihydrogène ». L'histoire est assez ancienne mais elle a rebondi en 1997 lorsque que Nathan Zohner, un étudiant américain de quatorze ans a fait circuler un courriel en renvoyant ses lecteurs à un site aux apparences scientifiques les plus convaincantes[112]. Il décrivait le fameux monoxyde – en abrégé DHMO – comme une substance chimique industrielle terrifiante, responsable de dégâts sanitaires sans précédent, polluant toutes les ressources en eau ainsi que les produits laitiers et scandaleusement passée sous silence par les autorités publiques. La DMHO Research Division dénonce cette conspiration et mène une vaste campagne de mobilisation de l'opinion. La seule chose que vous ne trouverez pas sur ce site est la formule du DHMO[113]. Elle s'écrit, bien sûr, H_2O... La plaisanterie ne fut pas toujours appréciée à sa juste valeur, puisqu'elle engendra dans plusieurs villes étasuniennes un mini-mouvement de panique qui

[112] Ce site, toujours en activité, est à présent très étoffé ; il est traduit en 16 langues, y compris le chinois :www.dhmo.org.

[113] Les chimistes apprécieront la description qui est donnée : « Le monoxyde de dihydrogène (en anglais *Dihydrogen Monoxide* ou DHMO) est un composé chimique incolore et inodore, également dénommé par certains oxyde de dihydrogène, hydroxyde d'hydrogène, hydroxyde d'hydronium, ou simplement acide hydrique. Son constituant de base est le radical instable hydroxyle, qu'on retrouve dans de nombreux composés caustiques, explosifs et toxiques tels que l'acide sulfurique, la nitroglycérine et l'alcool éthylique. »

irrita les pouvoirs publics. Le Terrorist-Act fut alors évoqué pour contrer cette condamnable subversion à l'ordre public.

Il est intéressant de noter que Zohner n'était pas scientifique mais qu'il a conçu son canular en réponse à un appel de projets pour une fête de la science locale. Il voulait démontrer par là que les élèves de sa classe étaient scientifiquement incultes. Mission réussie : sur les 50 élèves auxquels il demanda s'il faut bannir le DHMO, 43 répondirent par l'affirmative, 6 étaient indécis et un seul reconnut qu'il s'agissait de l'eau… Zohner a gagné le premier prix du Greater Idaho Falls Science Fair et a eu les hommages de la presse, des universitaires et même des députés du Congrès.

Nous ne pouvons pas passer sous silence, bien entendu, les fameuses autant que fumeuses élucubrations de la « fusion froide ». Commencée en 1989, voici une affaire scientifique difficilement classable, où la frontière entre candeur, imposture et hypothèse du futur reste floue. Cette année-là, l'université d'Utah aux États-Unis annonce que deux chercheurs, Martin Fleishmann et Stanley Pons, ont réussi à produire, « à froid », une fusion d'atomes d'hydrogène attestée par un faible dégagement d'énergie à partir d'atomes de l'isotope d'hydrogène deutérium, présent dans ce qu'il est convenu d'appeler « l'eau lourde ». Cette nouvelle sensationnelle, aussitôt reprise par le *Wall Street Journal* et le *Financial Times*, suscita un énorme haussement d'épaules teinté de dérision dans la communauté scientifique internationale. Fort brouillonnes et dépourvues d'une élémentaire rigueur, les expérimentations de Fleishmann-Pons furent considérées comme farfelues. Bravant l'ostracisme, les deux compères s'exilèrent en France et rallièrent une poignée de chercheurs séduits par cette quête du Graal (rebaptisée « Science de la matière nucléaire condensée », CNMS en anglais). De-ci, de-là, quelques mécènes (dont Toyota au Japon ou le Stanford Research Institute) alimentent quelque peu leurs travaux. Chaque année, les croisés de la CNMS organisent leur conférence mondiale. Et si, un jour du XXIe siècle, le rêve devenait réalité ?

Un dernier cas d'école célèbre est celui de la « mémoire de l'eau ». Cet épisode théâtral commence par une publication insolite dans *Nature*, annoncée à la une du *Monde* le 30 juin 1988 sous le titre

« Les fondements de la physique bouleversés ». Le biologiste et médecin Jacques Benveniste, qui donnera d'ailleurs son nom à l'affaire, prétend avoir découvert le mécanisme tant recherché par les défenseurs de l'homéopathie, à savoir la mystérieuse action curative obtenue en diluant des substances dans de l'eau à des niveaux tels que plus une seule de leurs molécules ne puisse encore y être décelée. Benveniste affirme démontrer ce phénomène inexpliqué par une expérience prouvant que l'eau ayant servi à la dilution garde une « mémoire » de la substance dissoute, même si celle-ci a disparu. L'accueil réservé aux idées de Benveniste par une partie importante de la communauté scientifique et par certains journaux ayant pignon sur rue a clairement été ambigu.

Un bilan ?

Avant de dresser un bref bilan des modèles et des pratiques de la « communication publique de la science », résumons deux réalités essentielles sinon évidentes. La première est que la grande majorité des actions qui sont réalisées dans ce contexte avec, ou par, la communauté scientifique concernent l'information et non la communication. Seules quelques initiatives et pratiques peuvent réellement se réclamer de la communication publique de la science, comme celles menées dans le cadre des conférences de consensus ou de citoyens. La seconde réalité est que la « fièvre communicante » qui frappe non seulement notre société mais également le monde de la science n'a pas nécessairement pour vocation première de faciliter le partage du savoir scientifique ni d'améliorer la gouvernance de la technoscience en associant le public à l'entreprise.

Deux autres motivations importantes sont à l'origine des efforts soutenus dans ce domaine. Par sondages d'opinion, on perçoit une demande pour une meilleure communication publique de la science et surtout pour une prise en compte des questions et des doutes de la société. La communauté scientifique donne l'impression de travailler essentiellement en vase clos et les chercheurs de communiquer surtout entre eux. Les conférences scientifiques apparaissent comme les théâtres dans lesquels s'expriment les hiérarchies et se fondent les tendances et les modes du monde de la recherche. Fortement stimulée par la société, une « révolution culturelle » a été initiée à la fin du siècle passé. La rapidité de l'évolution scientifique, la percolation des développements techniques à tous les niveaux de société et les conséquences très lourdes de certains progrès justifient une plus grande interaction et intelligence entre le monde de la science et la société dans son ensemble.

L'autre motivation est que la communauté scientifique doit faire front à des problèmes considérables – de financement, de statut et de crédibilité. On a vu en France les discussions difficiles qui ont eu lieu sur le statut des chercheurs. En caricaturant le système de la recherche en vigueur en Europe, on peut dire que, dans les centres de recherche académique, les scientifiques sont payés d'abord pour enseigner. En contrepartie, ils bénéficient d'une liberté de recherche quasi totale et sont récompensés en fonction de la qualité de celle-ci (subsides, réputation, prix, etc.). Dans un laboratoire national, le régime est différent : les chercheurs n'ont pas à exercer de tâche d'enseignement mais, en revanche, leur liberté de recherche est limitée : ils doivent se soumettre à une autorité scientifique qui détermine les priorités[114]. Mais la société y trouve-t-elle son compte ? Le monde politique estime que non.

La question du financement de la recherche se pose avec acuité dans presque tous les pays européens (à l'exception des pays scandinaves comme la Suède et la Finlande et de certaines régions industrielles). Malgré l'engagement pris à Barcelone en 2001 par tous les dirigeants de l'Union européenne de porter les investissements dans la recherche à 3 % du produit intérieur brut d'ici 2010, ceux-ci stagnent à moins de 2 % dans l'Union européenne. Outre les difficultés pratiques que rencontrent les chercheurs pour financer leurs travaux, cette frilosité budgétaire donne un signe

[114] Ainsi, le CNRS, qui emploie plus de 25 000 scientifiques, ingénieurs et techniciens, possède un statut unique et envié dans le monde : il est à la fois un centre de recherche académique et un laboratoire national. La particularité du CNRS est que ses chercheurs possèdent les caractéristiques des deux systèmes : pas d'obligation d'enseigner et liberté de recherche.

politique négatif aux chercheurs évidemment mais également à la société. Dans ces conditions, quel bilan tirer des travaux en académie et des pratiques sur le terrain de la communication publique de la science ?

Du côté de la littérature scientifique, la différence paraît énorme entre, d'une part, les attentes et les dépenses dans le domaine de l'information et de la « communication » et, d'autre part, les pratiques et les succès obtenus sur le terrain. Que nous apprend la littérature scientifique à ce sujet ? Si la science est un domaine de choix pour aborder la question de la communication et apprécier la valeur de celle-ci – son impact, ses motivations, ses pratiques, ses coûts également – étant donné le nombre important d'études très scientifiques disponibles sur ce sujet, contradictions et paradoxes font foison :

– « Sur le plan purement scientifique, les preuves d'une efficacité de la « communication » sont aussi fortes que celles liant les danses de la pluie à l'apparition de celle-ci.[115] ».

– « Le plus important réside dans les attitudes préalables. En recevant une information nouvelle, les gens partent des opinions qu'ils possèdent déjà. Ils ont tendance à entendre ce qui les confirme, et ignorer ou rejeter ce qui les contredit.[116] ».

– Progrès des « communications » n'implique pas automatiquement progrès de la communication ! « On confond le progrès technique, ici considérable, [...] avec une révolution de la communication. C'est même cette augmentation du volume d'information qui, en retour, suscite une communication plus difficile. L'idéologie technique renforce l'idéologie moderniste qui confond également technique et communication. (Wolton, 2005) ».

---

[115] Cette phrase est extraite d'une publication qui n'a rien d'un pamphlet mais qui dressait un « état de l'art » : Sless D. et Shrensky R., Conversations in a landscape of science and magic : thinking about science communication, *in* : Stocklmayer S. M., Gore M. M. et Bryant C. (ed.), 2001, *Science communication in theory and practice*, Dordrecht, Kluwer Academic Publishers.

[116] Commission européenne, *RDT info*, novembre 2003, p. 35.

– « Auparavant, [explique Daniel Boy, directeur de recherche au Centre de recherches politiques de Sciences Po (CEVIPOF), et spécialiste des enquêtes d'opinion] à travers les modèles sur lesquels on travaillait, on avait tendance à penser que plus on possédait un niveau de connaissance élevé, plus on était favorable aux avancées scientifiques et technologiques. La réalité est beaucoup plus complexe. Les promoteurs industriels et les gestionnaires de la recherche estiment généralement que la connaissance entraîne le soutien au développement. Quant aux partisans d'une sociologie critique, ils considèrent que ces mesures de connaissance n'ont aucun sens. Autrement dit, les politiques d'information restent importantes mais, dans certains domaines clés, l'information ne suffit pas à convaincre ou rallier. Ce qui paraît plutôt sain.[117] »
– Selon l'essayiste uruguayen Eduardo Galeano, il existerait un parallèle entre richesse et incommunication : « Jamais la technologie des communications n'a été aussi perfectionnée et cependant notre monde ressemble chaque jour davantage à un royaume de muets. La propriété des médias est de plus en plus concentrée en quelques mains ; les médias dominants sont contrôlés par un petit nombre de puissants qui ont le pouvoir de s'adresser au plus grand nombre de citoyens à travers la planète. Jamais autant d'hommes n'ont été maintenus dans l'incommunication par un si petit groupe.[118] ».

Bref, le bilan objectif, scientifique, est plutôt décevant. Aucun modèle ne s'impose véritablement et les succès obtenus sur le terrain sont plutôt modestes. La problématique de la « communication publique des sciences » s'est, pour l'essentiel, concentrée jusqu'à présent sur deux aspects : l'incapacité des acteurs et l'insuffisance des moyens.

Revenons un moment sur les recherches de Hans-Peter Peters et de son groupe à Jülich en Allemagne, qui ont notamment montré[119]

---

[117] *In* : Commission européenne, mars 2002, *RDT info*.

[118] *Le Monde Diplomatique*, octobre 1996.

[119] Peters H. P., From information to attitudes ? Thoughts on the relationship between knowledge about science and technology and attitudes toward .../...

que la réaction du destinataire d'un message est le produit d'un cheminement cognitif personnel, complexe et largement imprévisible, dont on commence seulement à découvrir les tenants et aboutissants. Une information nouvelle n'est pas traitée de façon neutre et « objective ». Ils ont également montré qu'une même attitude peut dériver de processus mentaux très différents. Chacun réagit en mobilisant des éléments différents, provenant de sa mémoire et de sa sensibilité. Ces tests mettent en évidence des mécanismes cachés, sous-tendant ce que les chercheurs appellent le « *sensemaking* ». L'approche basée sur le concept de réponse cognitive montre que le même message suscite des pensées différentes conduisant à des différences d'attitudes.

Des bulles technologiques

Est-ce à dire qu'il nous faille donc, définitivement, renoncer à l'opinion largement partagée selon laquelle une information de qualité peut influencer le jugement des citoyens ? Mais alors, à quoi bon informer si l'information est stérile ? Peut-être faut-il qu'en toute modestie, ceux qui s'essaient à l'art difficile de la communication et de la vulgarisation scientifique espèrent participer davantage à une évolution qu'à une révolution des opinions, en étoffant le débat démocratique et en développant la culture générale. Et comme l'a bien expliqué Bernard Schiele : « Si du strict point de vue de l'apprentissage d'un savoir scientifique, la vulgarisation faillit, elle contribue néanmoins fortement à sa socialisation.[120] » Dans le contexte actuel, atteindre un tel objectif serait déjà un franc succès. Mais il faut cesser de voir la « com » et l'information scientifique comme une machine à convaincre ou, pire encore, à manipuler les esprits. Retenons aussi que la qualité et l'ouverture de l'information rejaillissent aussi positivement sur l'image de l'émetteur.

.../... technologies, *in* : Dierkes M., von Grote C. (ed.), 2000, *Between Understanding and Trust : the Public, Science and Technology*, Reading, Harwood Academic Publishers.

120 Schiele B., 1983, Enjeux cachés de la vulgarisation scientifique, *Communication-Information*, vol. V, n° 2-3.

Des chercheurs affirment que l'opposition aux OGM résulte d'une méconnaissance des notions scientifiques sous-jacentes chez la majeure partie de la population Or, la conférence de citoyens organisée en France sur les OGM en 1998 a été le premier contre-exemple frappant de cette opinion. Les quatorze citoyens qui en ont constitué le panel de consultation se sont montrés plus inquiets après qu'avant.

Les turbulences actuelles ont également gagné le monde des communicateurs. Les carrières de médiateurs de la science sont de plus en plus reconnues et valorisées et, en conséquence, les emplois se multiplient en Europe. Avec la multiplication des fêtes de la science, des cafés scientifiques, des conférences de consensus, etc., s'exprime clairement une demande pour une vraie communication de la science. Décloisonner la science est désormais un leitmotiv. La présence ou l'influence de la technoscience dans tous les domaines de l'activité humaine justifie par exemple la suppression des rubriques et des pages « sciences » dans les médias. La rédaction du *New York Times* a ainsi pris la décision d'inclure un journaliste scientifique dans toute équipe qui couvre un sujet majeur, comme la guerre en Irak.

Cette évolution n'est pas sans péril. Le danger est de glisser sans s'en rendre compte d'une saine communication de la science à une sur-exposition de la science, dans les médias notamment. Celle-ci n'est pas sans conséquence pour les scientifiques, ni sans risque. Notre société en arrive parfois à considérer les faits scientifiques comme une autre forme de fiction, dont on peut facilement relativiser l'importance. Avec l'orchestration de campagnes elles-mêmes très médiatisées, comme celle organisée aux États-Unis en vue de mettre en doute la crédibilité du réchauffement planétaire, on entre alors dans une zone potentiellement très dangereuse.

Ces tendances se manifestent aussi dans le monde de la recherche. Les scientifiques eux-mêmes hésitent de moins en moins à articuler discours scientifique et science-fiction, objectifs de recherche et fantasmes de chercheur. Cela s'explique par la chassc aux financements. Afin de se voir attribuer les postes et les crédits convoités, les responsables de recherche font miroiter les perspectives les plus grandioses, créant ainsi des sortes de « bulles technologiques ». On l'a vu avec la thérapie génique, dont les résultats se font toujours attendre. On l'a vu avec les OGM, que les médias présentent souvent comme la solution à la faim dans le monde, citant non seulement des voix industrielles mais également des autorités scientifiques. Mobiliser l'imagination et l'émotion permet de débloquer les crédits. Plus inquiétante est la nouvelle bulle technologique (et financière) de la convergence NBIC (nano-bio-info-cognito), à savoir les croisements annoncés des TIC avec les nanotechnologies, les technologies du vivant et les sciences de la cognition. Certains scientifiques s'en inquiètent ; d'autres délirent sans vergogne. Certains récusent les arguments ; d'autres propagent les visions les plus folles.

Dans une certaine mesure, le système est responsable de tels excès. Ceux qui mettent en exergue les dangers de ces techniques contribuent paradoxalement à la formation de ces bulles en renforçant le sentiment que nous sommes à la veille d'une révolution scientifique et technique majeure. Il reste que certains scientifiques sont coupables non d'incommunication mais d'anti-communication quand ils adoptent un double langage, promettant un monde meilleur devant les bailleurs de fonds et minimisant les risques face au public inquiet. D'un côté, la science promet monts et merveilles, comme on le voit notamment avec la promotion des nanotechnologies. D'un autre côté, les scientifiques sont prompts à déclarer qu'ils ne peuvent résoudre tous les problèmes du monde et qu'ils ne sont pas responsables des « mauvaises » applications de leurs recherches[121].

Victoire ?

Au cours d'une réunion qui a regroupé à Londres en novembre 2007 des chercheurs travaillant dans le monde sur la perception publique des techniques et de la science, un groupe piloté par Martin Bauer de la London School of Economics a présenté un

---

[121] Voir aussi à ce sujet J.-J. Salomon, *Les Scientifiques. Entre pouvoir et savoir*, Paris, Albin Michel, 2006.

résultat spectaculaire, qui va à l'encontre de tout ce que l'on peut lire et entendre sur le sujet : la connaissance scientifique moyenne progresse en Europe.

Comment sont-ils arrivés à cette conclusion ? Les chercheurs ont exploité les réponses aux questionnaires utilisés lors des enquêtes Eurobaromètre sur la science et la technologie. Ceux-ci comportent traditionnellement une série de treize questions (voir encadré[122]) : vrai ou faux ?

Questionnaire-type Eurobaromètre

1. Le Soleil tourne autour de la Terre.
2. Le centre de la Terre est très chaud.
3. L'oxygène que nous respirons vient des plantes.
4. Le lait radioactif peut être consommé s'il est bouilli.
5. Les électrons sont plus petits que les atomes.
6. Les continents se sont déplacés depuis des millions d'années et continueront à bouger dans l'avenir.
7. Ce sont les gènes de la mère qui déterminent le sexe de l'enfant.
8. Les premiers hommes étaient contemporains des dinosaures.
9. Les antibiotiques tuent les virus et les bactéries.
10. Les lasers fonctionnent grâce aux ondes sonores.
11. La radioactivité est d'origine humaine.
12. Les hommes actuels résultent de l'évolution d'espèces animales antérieures.
13. Il faut un mois pour que la Terre fasse le tour du Soleil.

Ces questions n'ont pas pour vocation de couvrir tous les champs de la science mais de tester quelques connaissances, essentiellement en physique, biologie et géologie. Elles n'ont donc pas la prétention de mesurer *in extenso* la culture scientifique des Européens. Personne n'oserait mesurer l'intelligence humaine en treize questions. Quelle définition d'ailleurs adopter de la culture scientifique ? Reconnaissons simplement ici le fait que l'évaluation de la culture scientifique nécessiterait d'apprécier, d'une

[122] Pour nos lecteurs en proie au doute, les bonnes réponses sont les suivantes : « vrai » pour les questions 2, 3, 5, 6, 12 ; « faux » pour les questions 1, 4, 7, 8, 9, 10, 11, 13.

façon ou d'une autre, la connaissance que possèdent les Européens de la méthode scientifique et de ce qu'est la science, notamment. Le mérite essentiel de ces questions est de pouvoir mesurer l'évolution de quelques connaissances scientifiques depuis 1992 au sein de pays européens (et aussi dans d'autres pays comme les États-Unis et la Chine, où certaines de ces questions ont été reprises).

Au total, la bonne réponse est donnée dans 66 % des cas, tous pays confondus[123]. Ce qui est loin d'être impressionnant car des réponses données au hasard donneraient un score de 50 %. Si l'on compare les scores pays par pays, ce sont nos voisins du Nord qui emportent la palme des connaissances scientifiques, avec des scores moyens de près de 8/10 en Suède et de 7,5/10 au Danemark, aux Pays-Bas, en Finlande et en République tchèque. La France se situe quant à elle dans la bonne moyenne européenne.

Les connaissances scientifiques des Européens seraient donc peu glorieuses. Mais telles que (très partiellement) mesurées par le test, ces connaissances, évaluées quatre fois depuis 1992, s'améliorent de façon assez sensible dans de nombreux pays[124]. Si les Nordiques consolident leur position en tête du classement, le pourcentage moyen de bonnes réponses s'est accru de 15 % au Luxembourg, en Belgique, en Grèce, aux Pays-Bas et en Allemagne. Et il s'est amélioré de 10 %, en trois ans seulement, en République tchèque et en Slovénie. Les pays d'Europe de l'Est réalisent, pour la majorité, de très bons scores. Après avoir examiné de près les réponses données et envisagé les interférences possibles, les sondeurs ont conclu à une progression réelle des connaissances scientifiques

---

[123] Une surprise concerne le mouvement relatif de la Terre et du Soleil : seulement 66 % de bonnes réponses ! Plus d'un quart des Européens pensent que c'est le Soleil qui tourne autour de la Terre et non l'inverse. Et ils n'ont pas tout à fait tort ! Dans un système de référence attaché à la Terre, c'est en effet l'astre du jour qui effectue un mouvement de rotation, comme nous le constatons d'ailleurs au quotidien.

[124] On doit bien entendu éliminer la possibilité que, d'une enquête à l'autre, les mêmes personnes aient été interrogées puisque les échantillons ne comprennent que 1 000 personnes environ par pays (et 500 pour les plus petits des États membres).

mesurées par le test. Le fait que les questions couvrent des thèmes fort différents permet d'affirmer que cette progression est générale en science et pour l'ensemble des pays européens.

Comment interpréter cette augmentation ? La Commission européenne ne donne aucune réponse à ce sujet. Elle organise ces enquêtes dans le seul but de mettre à la disposition de toute personne et de toute organisation intéressées des données recueillies de façon aussi professionnelle que possible. À titre personnel, je pense que l'omniprésence de la science dans la société nous plonge dans un contexte très alimenté en nouvelles scientifiques et techniques. Les crises, accidents et controverses répercutés par la presse ont presque tous un contenu scientifique et technologique qui fait que nos connaissances progressent petit à petit et quasiment à notre insu. Cela a été observé notamment au Japon : les connaissances géologiques du public progressent après un tremblement de terre. En Europe, les crises nous ont familiarisés avec de nouveaux concepts. Le bilan de la communication scientifique appelle donc un regard critique : si les connaissances scientifiques progressent en Europe, c'est moins en raison des activités de mise en culture de la science que des crises que nous avons connues dans le récent passé.

Conclusion : mettre la science en procès

« Le cerveau est comme un parachute : il fonctionne quand il est ouvert. »

Pierre Daninos

Contrôler la marche du progrès a-t-il un sens ? Et pour aller dans quel sens ? Dans une société qui repose aussi étroitement (et aussi peu démocratiquement) sur la science et la technologie, notre seule marge de manœuvre se réduit-elle à anticiper l'évolution technoscientifique et à nous adapter à celle-ci ? Une véritable culture de la communication publique de la science est plus que jamais indispensable.

Après le nucléaire et les OGM, ce sont aujourd'hui les nanotechnologies qui mobilisent l'attention et la méfiance des Européens. Comment donc (re)concilier technologie et démocratie ? Comment exercer un contrôle sur la marche du progrès et, si contrôle il y a, comment contrôler ce contrôle ? Quels mécanismes mettre en place pour permettre à l'ensemble des citoyens de mieux faire valoir leur point de vue, non sur la recherche elle-même mais sur les questions posées et les interrogations soulevées par les applications de celle-ci ? Et tout d'abord, à l'heure où les savoirs sont devenus tellement spécialisés, l'idée d'une participation du public aux choix techniques n'est-elle pas condamnée à rester une sympathique utopie ?

Quel contrôle social ?

Examinons, dans un premier temps, les relations que la société entretient à l'heure actuelle avec la science (et vice versa). Même si la science émerge comme une valeur positive, ses interactions avec la société sont aujourd'hui complexes et, dans une certaine mesure, ambiguës, voire contradictoires. Source de nouvelles connaissances et donc d'une forme de sagesse, la technoscience s'est également distinguée, notamment au cours du siècle passé, par des applications qui suscitent, à tort ou à raison, de vives craintes.

Dans le domaine technique et scientifique, l'idée d'un contrôle social est cependant une invention récente. Fondamentalement incontrôlable (comment savoir à l'avance ce qu'une recherche va permettre de découvrir ?), la technoscience a été jusqu'ici virtuellement incontrôlée. Irréaliste à première vue, la demande pour son contrôle est motivée par le fait que les conséquences des développements contemporains sont sans commune mesure avec celles des techniques du passé, à la fois dans l'espace (réseaux mondiaux, changements globaux) et dans le temps (plusieurs générations exposées).

Comment mettre la technoscience au service du progrès ? Comment le corps social peut-il s'approprier les avancées technologiques et en tirer le maximum de bénéfices en minimisant ses inconvénients ? Comment la société peut-elle orienter le cours de la technoscience ? Et d'abord le peut-elle ? Une collectivité est-elle en mesure d'influencer l'écoulement de celle-ci et, le cas échéant, l'arrêter si son afflux lui paraît dangereux ?

Karl Marx a été l'un des premiers à percevoir la nouveauté et la spécificité de la technique moderne, notamment dans ses dimensions sociales. À la fois séduit par les développements qu'autorise la science et effrayé par le machinisme que permettent ses applications, il a rapidement pris la mesure des avancées de son temps et de leur impact sur la société. Considérant que la technique, née et destinée à s'insérer dans la Nature, est à l'origine d'un monde artificiel et aliénant, étranger et hostile à ceux qui l'ont bâti, Marx a jugé que la technique ne pourrait se développer pleinement et de façon non aliénante qu'à la condition de rester sous le contrôle de la société.

Quelles sont les pistes qui contribuent à améliorer le contrôle social (on parle aussi de « gouvernance »[125]) de la technoscience, interrogeons-nous sur la responsabilité du scientifique. Car

---

[125] Que l'on peut définir comme « la totalité des différents moyens par lesquels les individus et les institutions, publiques et privées, gèrent leurs affaires communes », European Commission, 1995, *Report of the Commission on Global Governance : our Global Neighbourhood*, Oxford, Oxford University Press.

après tout, ce contrôle social doit sans doute commencer au laboratoire. Le chercheur n'est-il pas *a priori* le mieux placé pour réfléchir sur les implications d'une nouvelle technique et conseiller la société sur ces applications ? De nombreux scientifiques défendent encore l'idée, au moins implicitement, que la recherche doit être dissociée de ses conséquences, arguant du fait que celles-ci tombent hors de leur sphère de contrôle – donc de responsabilité. Une tendance accentuée par l'ultraspécialisation de la communauté scientifique, qui, inévitablement, freine la coopération et dilue la responsabilité. De ce point de vue, les « dérives » viendraient du système industriel, des ingénieurs, des militaires, des politiques, etc., et non de la communauté scientifique qui, paradoxe étonnant, se retrouverait ainsi mise à l'abri des procès qui, de temps à autre, sont intentés à la technoscience. On connaît le mot de Heidegger : « La science ne pense pas »[126]. Mais peut-on encore défendre aujourd'hui l'idée que le scientifique qui travaillerait dans la recherche désintéressée, dans la science pure, n'a aucune responsabilité concernant l'application de ses travaux ? Que la dichotomie est totale entre le savant d'une part et le chercheur de l'autre ?

Les scientifiques qui revendiquent la contribution ou même l'assimilation de la technoscience au progrès créent leur propre contradiction : on ne peut accepter ce rôle positiviste tout en refusant de voir que la science a participé à certains désastres. On ne peut prétendre améliorer la qualité de la vie – et en tirer certains bénéfices, dans tous les sens du terme – et en même temps refuser toute responsabilité dans les applications néfastes de la recherche. L'évolution qui a conduit la technoscience, incarnant la Raison universelle, à s'imposer dans notre société comme la Solution universelle, sorte de baguette magique appelée à résoudre les grands problèmes actuels, doit aller de pair avec un élargissement parallèle des devoirs et des responsabilités qui incombent aux scientifiques. En même temps, des arguments tout aussi solides militent en faveur d'une responsabilité collective et partagée

---

[126] Heidegger M., 1959, *Qu'appelle-t-on penser ?*, Paris, PUF.

concernant les applications de la recherche et les conséquences des nouvelles technologies. Le scientifique, après tout, n'est que le bras armé et l'un des acteurs de cet engouement généralisé et de notre volonté de maîtriser et domestiquer la Nature, agissant au nom de la société, tout entière organisée afin de tirer un maximum de bénéfices de la recherche et de la technologie.

L'évaluation des technologies

Si le Progrès – avec un P majuscule – n'existe pas, l'idée que les gens se font du progrès est une notion susceptible d'être étudiée et même quantifiée. C'est pourquoi la mise en place d'un contrôle démocratique de la technoscience passe par la pratique de son évaluation sociale. Parce que les responsables politiques et industriels se sont progressivement sentis concernés par une résistance sinon un rejet exprimé par une partie non négligeable de la population à l'égard de certaines technologies modernes – tendance qui n'a pas de lien direct avec les risques associés à celles-ci –, des mécanismes d'évaluation ont vu le jour et tentent de mesurer au mieux le niveau d'acceptation de celles-ci par la consultation d'un certain nombre de groupes sociaux. C'est ainsi que les politiques de recherche et de développement technologique des pays industrialisés sont toutes définies, même si c'est le plus souvent de façon implicite, par les niveaux d'acceptation futurs supposés des technologies.

Cette approche a été initiée dans les années 1970 aux États-Unis, où des mécanismes nouveaux ont été mis en place afin de venir en aide aux représentants élus : un Office of Technology Assessment a été créé, avec pour mission d'éclairer les parlementaires, et parfois le public, au sujet des options scientifiques et techniques. À l'heure actuelle, la plupart des pays de l'Union européenne possèdent des services publics d'évaluation de la technologie (dès 1983 en France et en 1992 au Royaume-Uni). C'est également le cas du Parlement européen.

Dans la plupart des cas, l'évaluation de la technoscience est effectuée selon l'une des deux approches suivantes. L'approche adaptative part du principe que les conflits peuvent être évités si l'on prend en compte en amont l'acceptation d'un développement technologique donné, c'est-à-dire si les technologies mises au point sont avant tout conformes aux valeurs et aux préoccupations de la société. Certains auteurs, comme Habermas[127], ont été plus loin et défendent l'idée qu'il existe un corpus de normes et de principes implicites, acceptés par la société, qui permettent de définir des critères généraux d'acceptabilité. L'approche éducative, qui suppose que le niveau d'acceptation de l'opinion publique n'est pas donné une fois pour toutes mais peut évoluer et qu'il est donc possible de « construire » cette acceptation par le biais d'actions d'information, d'investissements visant à sensibiliser le public, etc. Cette approche est fondée notamment par des résultats obtenus sur le terrain. En revanche, nous avons vu que, dans le cas des OGM, une telle approche semble vaine[128].

On connaît aujourd'hui les limites de ces démarches. Car l'évaluation sociale de la technologie et de la science repose essentiellement sur un recensement des principaux effets possibles et futurs d'un développement donné ou d'une application particulière. Mais quelle est la validité des outils théoriques utilisés pour construire ce qui est parfois perçu comme une rationalité objective ? Quelle est la fiabilité des résultats obtenus quand on sait que les évaluateurs et les promoteurs de la technologie appartiennent souvent aux mêmes groupes sociaux sinon aux mêmes institutions ? Quand peut-on considérer qu'une technologie a été socialement évaluée ? Enfin, la démarche procède de l'hypothèse qu'il est possible de rassembler une information objective et d'effectuer sur cette base un arbitrage politique. Mais que signifie « information objective » ? Une société ouverte au progrès technologique peut-elle être non technocratique ?

La main du marché

Les problèmes qui peuvent survenir de l'ultralibéralisme, et en particulier d'un asservissement complet de la recherche aux forces

---

[127] Habermas J., 1991, *Erläuterungen zur Diskursethik*, Francfort.

[128] http://europa.eu.int/comm/research/press/2001/pr2312fr.html

du marché, sont bien connus. En Europe, nous n'en sommes heureusement pas là. Nos pays ont choisi la voie d'un développement scientifique et technique conforme aux aspirations de la société, même si, après avoir abandonné la référence à la « main invisible de Dieu », certains escomptent s'en remettre à la « main invisible du marché ».

Mais, dans le contexte actuel d'une recherche qui est devenue largement une forme de propriété privée, de quels moyens disposons-nous pour contrôler l'avancée de la technoscience ? Ceux-ci paraissent à première vue bien dérisoires. Que nous reste-t-il à faire dans un environnement caractérisé par l'absence de régulations éthiques de la recherche privée à l'échelle mondiale, ce qui permet par exemple à l'industrie américaine de financer des recherches que les fonds publics s'interdisent de soutenir et à certains pays européens de développer dans un autre pays de l'Union des travaux refusés chez eux ? Alors que la marche du progrès est de plus en plus orientée par les grands groupes multinationaux, notre influence se limite-t-elle aux choix que nous effectuons en tant que consommateurs ?

On doit cependant reconnaître que le marché contribue également, à sa manière, au contrôle des nouvelles technologies. Un contrôle qui, d'après les événements de ces dernières années, paraît même plus puissant et plus efficace qu'on ne l'a cru. Ainsi, dans un premier temps, les grandes sociétés de biotechnologie ont ignoré purement et simplement les réticences exprimées par le public quant aux organismes et aliments génétiquement modifiés. Certains gros importateurs et grandes surfaces, sans doute plus à l'écoute des « consommateurs », ont par exemple décidé de ne plus acheter de produits alimentaires contenant des organismes génétiquement modifiés. Puis, contre toute attente mais très certainement sous la pression du marché, le président de la société Monsanto, qui a été l'une des pionnières et des plus engagées dans ce domaine, a effectué un *mea culpa* public en 1999 en s'excusant de l'impression d'arrogance qui avait pu être perçue.

Le marché peut donc s'exprimer, y compris dans le domaine des applications techniques et scientifiques, de façon particulièrement forte. Faut-il y voir, dans le cas des organismes génétiquement modifiés en particulier, l'expression d'un mouvement rationnel ? Certes non, pas plus ici qu'en d'autres circonstances. Il n'empêche que la demande s'accroît en Europe pour prendre davantage en compte les appréciations exprimées par les citoyens en ce qui concerne les applications de la science et de la technologie.

De la prudence à la précaution

Au-delà de son intégration progressive dans le droit international et interne, la référence au principe de précaution est aujourd'hui chose courante. La France l'a intégrée dans sa Constitution[129]. Certains y voient un nouveau principe de morale publique, voire un douzième commandement des temps modernes[130].

Souvent présenté comme un moyen efficace pour faire cohabiter, dans un contexte d'incertitude, droit, science et politique, le principe de précaution est aussi interprété comme une méthode scientifique permettant de sélectionner les options les plus proches du risque zéro. Plusieurs auteurs soulignent l'impuissance du principe à modérer les excès du développement technique. C'est notamment la thèse de Jean-Pierre Dupuy[131], qui considère le principe de précaution comme trop modéré et le qualifie de « catastrophisme éclairé ».

---

[129] Notons ici que ce principe est une « spécialité européenne ». Il n'existe pas la législation américaine, même si, dans la pratique, les approches convergent souvent de part et d'autre de l'Atlantique. En Europe, le principe de précaution est inscrit dans le droit (traité de Maastricht). Il est également inscrit dans le droit interne français, avec la loi Barnier en 1995, et a été annexé à la Constitution après moult polémiques. Une abondante littérature existe en français sur ce sujet. Citons notamment Godard O. (sous la direction de), 2001, *Le principe de précaution dans la conduite des affaires humaines*, Paris, Inra et Kourilsky P. et Viney P., 2000, *Le Principe de précaution*, Paris, Odile Jacob/La Documentation française.

[130] Le traité européen ne contient qu'une seule référence explicite au principe de précaution, à savoir dans le titre consacré à la protection de l'environnement.

[131] Dupuy, J.-P., 2002, *Pour un catastrophisme éclairé. Quand l'impossible est certain*, Paris, Seuil.

Malgré les critiques, le principe de précaution comporte à mes yeux un énorme avantage : il conduit à porter dans le domaine public des controverses de nature scientifique. Grâce à lui, des sujets sensibles et des techniques à risques font l'objet d'évaluations et de débats publics. Une innovation peut être mise entre parenthèses le temps d'apprécier les risques supputés et de résoudre la controverse. Comme l'a écrit Bruno Latour : « Moderniser à l'ancienne, c'était innover d'abord, réfléchir après »[132].

Un nouveau contrat entre science et société

L'impact considérable des sciences et des techniques sur la société justifierait, pour certains, l'établissement d'un nouveau contrat entre les scientifiques et le reste de la société. Une sorte de serment d'Hippocrate pour les praticiens de la science. Ce thème était à l'ordre du jour de la grande conférence mondiale de la science qui s'est tenue à Budapest en juillet 1999, sous l'égide de l'Unesco et du Conseil International de la Science (ICSU), et à laquelle ont participé près de 2 000 personnes de 155 pays. Dans le document préparatoire de 1998[133], une recommandation générale et vague avait été incluse : « La communauté scientifique mondiale devrait songer à adopter un code d'éthique international à l'intention des scientifiques, semblable au serment hippocratique des médecins. Ce code appliquerait un principe de mesurabilité semblable au comportement scientifique que les scientifiques chérissent tant dans leur poursuite quotidienne du savoir. » Mais, faute d'un accord entre les participants de la Conférence de Budapest, ce point ne figure même plus dans les conclusions. Dans le principal document adopté lors de la conférence, la Déclaration sur la science, le mot « contrat » n'apparaît même pas. La Déclaration est pavée d'une série d'intentions aussi louables que générales (sur les contributions de la science à la connaissance, la science pour la paix, la nécessité d'un « dialogue » démocratique vigoureux et informé sur la production et l'utilisation de la connaissance

---

132 *Le Monde* du 5 novembre 2007.

133 http://www.unesco.org/science/wcs/meetings/eur_alberta_98_f.htm#introduction

scientifique, etc.) ainsi que quelques recommandations en matière d'information et de communication : « Tous les scientifiques devraient adopter un comportement éthique irréprochable. [...] La responsabilité sociale des scientifiques nécessite qu'ils respectent de hauts standards d'intégrité et de contrôle de qualité, qu'ils partagent leur connaissance, qu'ils communiquent avec le public et qu'ils éduquent les plus jeunes. [...] Nous, participants à la Conférence mondiale « La Science pour le Vingt-et-unième siècle : un nouvel engagement », nous engageons à entreprendre tout effort pour réaliser la possibilité de promouvoir[134] le dialogue entre la communauté scientifique [...] et renforcer la culture scientifique et son application pacifique dans le monde. »

Le contrat social eût-il été explicitement abordé dans le document, on doit se demander en quoi une simple déclaration signée par des participants à une conférence, fussent-ils des représentants de haut niveau des milieux scientifiques et politiques d'un grand nombre de pays, aurait pu tenir le rôle d'un « contrat » engageant la science et la société. L'impact ne pouvait être que limité. On doit également reconnaître que, même si ce contrat avait vu le jour, il n'aurait pas été une panacée, fût-il adapté au contexte actuel et largement diffusé. Après tout, l'existence du serment d'Hippocrate n'a empêché ni les erreurs médicales, ni les dérives répréhensibles ou criminelles.

Vers une techno-éthique mondiale

Dans nos sociétés, les citoyens perçoivent un déficit démocratique en matière de choix techniques ou scientifiques. Mais en vertu de quel argument la science et la technique échappent-elles aux pratiques en vigueur dans nos sociétés régies par la souveraineté populaire ?

Comme l'a montré Habermas notamment, la situation actuelle fait que les rapports du politique et du savant sont aujourd'hui souvent inversés, l'élu politique devenant un exécutant et le dernier mot de la décision revenant à l'expert, qui substitue à la

[134] Souligné par nous. Notons bien la faiblesse de l'engagement !

décision politique un raisonnement logique et technique, mais qui n'en est pas moins, dans des cas plus nombreux qu'on ne le pense, idéologique. Quand il est question de construire un nouvel immeuble, les habitants du quartier sont consultés. Et ce n'est pas parce que l'ingénieur nous certifie la solidité d'un édifice et que l'architecte nous vante ses qualités esthétiques que l'immeuble sera automatiquement érigé. En science, pour l'heure en tout cas, rien de tel. Il y a pourtant sur le marché et dans les laboratoires des techniques et des produits dont les gens ne veulent pas. Ils n'en voient ni l'intérêt ni l'utilité.

Cet argument a précisément été développé par Callon, Lascoumes et Barthe (2001), qui prônent une légitimation de la voix des « profanes » (comme des riverains, des représentants de mouvements associatifs, etc.) dans les débats et les prises de décision sur la technoscience, aux côtés des scientifiques et des experts. C'est ainsi que se sont multipliées, au cours des dernières années, des formules originales de consultation démocratique et de participation aux procédures d'évaluation se sont développées dans le domaine scientifique et technique. Parmi celles-ci, les conférences dites de consensus, qui ont été initiées au Danemark, sont à mes yeux dignes du plus grand intérêt.

La critique fréquemment faite à ces participations populaires organisées au niveau d'un pays ou d'une région concerne leur impact. Face à des problèmes mondiaux, que valent en effet des consultations organisées au niveau local ou national ? Que valent des règlements décidés et mis en œuvre dans un pays ou un petit groupe de pays ? Dans un dossier consacré aux OGM, deux spécialistes britanniques, Andrew Chesson et Philip James, écrivirent : « Même si un moratoire est imposé en Europe ou ailleurs, il est peu probable que la mise au point de nouvelles plantes génétiquement modifiées connaisse un ralentissement sensible dans le monde[135]. » De plus en plus, une action efficace ne peut être envisagée que sur la scène internationale. Ces développements appellent l'émergence d'une forme de démocratie

[135] *La Recherche*, janvier 2000, p. 30.

mondiale. L'idéal serait sans doute de mettre sur pied une autorité internationale disposant du pouvoir d'imposer des règles en technoéthique à la communauté internationale.

Un pas important serait par exemple franchi avec la création d'un organisme mondial des brevets. À l'heure actuelle, les brevets sont octroyés par des organisations qui opèrent au niveau national ou européen. En règle générale, une invention peut faire l'objet d'un brevet si elle répond essentiellement à trois critères : la nouveauté, l'invention, l'application industrielle. Tels sont les critères retenus par l'Office européen des brevets situé à Munich. Le premier critère est en principe aisé à appliquer[136] ; le deuxième et le troisième sont déjà nettement plus subjectifs. La Convention sur le brevet européen précise ainsi que ne sont pas considérées comme des inventions notamment : « les découvertes, les théories scientifiques et mathématiques, les créations esthétiques, les plans, principes et méthodes dans l'exercice d'activités intellectuelles, en matière de jeu ou dans le domaine des activités économiques, ainsi que les programmes d'ordinateurs[137] ».

Dans la Convention de l'Office européen des brevets, l'invention est donc considérée dans un sens très particulier. De plus, elle peut être refusée si elle ne respecte pas l'ordre public. La Convention précise en effet que la brevetabilité d'une invention peut être refusée si « la publication ou la mise en œuvre [de celle-ci] [est] contraire à l'ordre public ou aux bonnes mœurs ». Cela explique, en partie en tout cas, que, face à une invention technologique donnée, un pays peut autoriser sa brevetabilité tandis qu'un autre la refusera. Cette notion d'ordre public devrait être interprétée dans son sens le plus large. En effet, une invention peut procurer ici des bénéfices et là-bas des inconvénients. Prenons le cas de l'énergie nucléaire : celle-ci procure

---

[136] La Convention sur le brevet européen définit la nouveauté comme suit : « Une invention est considérée comme nouvelle si elle n'est pas comprise dans l'état de la technique. »

[137] http://www.european-patent-office.org/epc97/epc97-f.htmar#52.

à tous les pays qui l'on adoptée des avantages certains. Mais les déchets nucléaires sont retraités dans un très petit nombre de centres spécialisés. Prendre en compte l'avis des habitants vivant dans le proche voisinage de ces centres n'est pas réaliste car les populations concernées, voire exposées, sont en effet très vastes, à la fois dans l'espace et dans le temps. Autre exemple : le cas des chlorofluorocarbures (CFC). Très stables, inodores, incolores, non cancérigènes, non allergisantes et pratiquement inertes sur le plan chimique, ces substances ont rapidement trouvé des débouchés dans des secteurs aussi différents que l'industrie du froid, les mousses synthétiques et les aérosols. Des débouchés qui existaient essentiellement dans les pays industrialisés. Aujourd'hui bannies par le Protocole de Montréal, ces substances continuent de dégrader la couche d'ozone à l'échelle de la planète et, de ce fait, exercent des effets, à des degrés divers, sur toutes les populations du globe. Malgré leur interdiction, elles sont en train de perturber l'ordre public au sens le plus global qui soit.

Dans le contexte actuel de compétition économique, et compte tenu du fait que les techniques deviennent, elles aussi, globales, ces différences sont préjudiciables puisqu'elles pénalisent les pays dotés des régimes les plus stricts en leur fermant l'accès à certains résultats intéressants ; en même temps, elles empêchent la mise en place d'un mécanisme de contrôle qui, pour être réellement efficace, devrait lui aussi s'exercer à un niveau international. Octroyer les brevets à un niveau mondial aurait le mérite de n'autoriser que les inventions respectueuses de l'ordre public mondial, prenant en compte les intérêts de tous les pays.

Améliorer la culture scientifique

Promouvoir l'information scientifique et la communication publique autour des projets de recherche – activités notoirement trop peu développées – pour améliorer le contrôle social des techniques et des sciences est une idée chère aux scientifiques car il paraît évident que des citoyens bien informés seront en mesure de faire les bons choix (à savoir les leurs !) en matière des applications de recherche.

Dans la pratique, le problème est moins lié à un défaut d'information qu'à un manque de communication. La communauté scientifique le reconnaît elle-même. Le Comité consultatif « Eurab » de la Commission européenne pour la recherche, qui regroupe 45 scientifiques renommés, a dû rappeler l'importance du dialogue avec le public dans un rapport publié en juin 2007 et intitulé « Recherche et engagement sociétal ». Ils insistent notamment sur l'importance de l'écoute et du respect de la société civile : « Les chercheurs doivent garder à l'esprit que leurs systèmes opèrent dans un contexte public. Les dégâts provoqués par le rejet des OGM ont incité les chercheurs à attacher désormais plus d'attention à l'opinion publique. » Et plus loin : « Les OGM, l'énergie nucléaire et les pesticides sont des exemples pour lesquels l'Europe possédait toute l'expertise de la recherche mais parce que les préoccupations du public n'ont pas été correctement représentées ou suffisamment prises en compte, il s'est produit une perte de confiance ayant des conséquences négatives sur l'ensemble du processus de l'innovation.[138] »

Si informer sur des sujets techniques et scientifiques – par le biais, par exemple, de revues, de conférences, de musées, d'émissions de télévision – ne peut qu'emporter l'adhésion générale, l'appel devient quelque peu suspect dès qu'il émane des scientifiques. Sous le couvert du dialogue et de l'éducation du public, nous ne sommes jamais loin de la tentation des puissants à vouloir influencer les esprits dans un sens ou dans un autre.

La diversité des modèles et des expériences mis en avant dans ce domaine s'explique notamment par la vaste gamme des objectifs poursuivis et des contextes dans lesquels ces activités se développent[139]. Cependant, tout médiateur ès science en vient singulièrement à se poser les mêmes questions plurielles. Faut-il donner priorité à la rigueur scientifique ? Faut-il sensibiliser le public

---

[138] Eurab, 2007, *Research and societal commitment*, Bruxelles, juin. http://ec.europa.eu/research/eurab/pdf/eurab_07_013_june_%202007_en.pdf

[139] Cheng D., Metcalfe J., Schiele B., Claessens M., Gascoigne T. et Shunke S., 2006, *At the Human scale – International practices in science communication*, Pékin, Science Press.

aux problèmes encore non résolus (dans lesquels il porte aussi une part de responsabilité) au risque de sortir du cadre strict de la science ? Les nombreuses pressions en faveur d'une meilleure communication de la science reflètent les grands malaises que ressent aujourd'hui le public à l'égard des technosciences, à savoir :
– la nécessité d'une réappropriation du langage scientifique par l'ensemble de la population. Il existe aujourd'hui un fossé entre ceux qui ont accès au langage scientifique et ceux qui ne le pratiquent pas. Hannah Arendt nous a incités à nous méfier du jugement politique des scientifiques précisément parce qu'ils évoluent « dans un monde où le langage a perdu son pouvoir »[140]. L'appropriation sociale des technologies passe par une réappropriation par le public du langage de la science ;
– les questions que se pose le public face à ce que nous avons appelé, à la fin du chapitre précédent, le double langage des scientifiques. Comment donc concilier les promesses d'un monde meilleur avec le désenchantement de l'époque actuelle ?

Il reste donc, dans ce contexte, à définir et mettre en œuvre un nouveau paradigme pour la communication de la science. Quelles doivent en être les caractéristiques ? La communication de la science ne doit pas être le but ultime de notre entreprise : c'est à une véritable communion publique de la science que nous devons aujourd'hui prétendre, afin de permettre à la société dans son ensemble de partager les connaissances – ce qui nécessite d'abord de pouvoir en parler –, d'assumer les risques et de réunir les engagements de tous, citoyens, citoyennes et scientifiques compris.

L'objectif doit être de développer cette communion en intégrant les quatre composantes que voici :
– Reconnaître que la science est aujourd'hui partout, dans tous les secteurs et tous les problèmes de la société. Et, contre Merton, que la science est une source de connaissances et une activité comme d'autres. Il faut cesser de ghettoïser la science dans des rubriques, des magazines et des médias spécialisés. Outre le fait qu'il favorise

---

[140] Arendt H., 1961, *La Condition de l'homme moderne*, Paris, Calmann-Lévy.

l'information quasi exclusive des convaincus, ce cloisonnement empêche la réintégration de la science dans la culture. Il faut en terminer avec le modèle de la vulgarisation.

– Développer une culture de la communication. On ne peut communiquer sans un contexte propice au dialogue, à l'échange et au partage d'un langage commun. Ce n'est pas encore le cas aujourd'hui. On doit d'ailleurs se demander si les scientifiques n'entretiennent pas leurs préjugés concernant la presse en général, le « grand public » et les activités de « vulgarisation » dans le but, notamment, de conforter leurs pratiques de communication effectives, qui s'apparentent plus à la rétention qu'à la diffusion de l'information et qui visent plus à contrôler les discours qu'à échanger les idées, à protéger le scientifique et ses privilèges qu'à exposer la science telle qu'elle est, telle qu'elle se fait. Parce que les pratiques de « communication » de la science et les modes de fonctionnement des médias s'accommodent mal d'une activité qui progresse le plus souvent « lentement mais sûrement », il semble essentiel de promouvoir cette culture de la communication pour enrayer une dangereuse ghettoïsation de la science en Europe. Pierre-Benoît Joly et Alain Kaufmann ne disent pas autre chose dans l'article qu'ils ont consacré aux nanotechnologies[141]. Le réalisme me pousse à dire que la communication de la science est trop importante pour la laisser dans les seules mains des scientifiques.

– Valoriser les activités de communication et de diffusion des sciences dans les carrières des scientifiques. Cela concerne au premier chef les employeurs des chercheurs. L'initiative de l'Union astronomique internationale est à cet égard intéressante. Lors de la 26e assemblée générale qui a eu lieu à Prague en juin 2006 (cette fameuse réunion au cours de laquelle Pluton a été rayée de la liste des planètes du système solaire), les quelque 2 000 participants ont adopté la « Charte de Washington sur la communication de l'astronomie avec le public » qui contient plusieurs recommandations à

[141] Joly P.-B. and Kaufmann A., 2008, Lost in translation ? The need for « upstream engagement » with nanotechnology on trial, *Science as Culture*, 17(3).

l'intention des organisations de recherche insistant, entre autres, sur la nécessité de « promouvoir le respect et la reconnaissance professionnels de la communication publique ».

– Présenter la science telle qu'elle est et telle qu'elle se fait, tel doit être l'objectif d'une véritable stratégie de communication. Le public ignore l'essentiel et le propre de la démarche scientifique. La science est vue tour à tour comme une accumulation de connaissances, comme une source de vérité, comme un travail de résolution de problèmes. Les activités de communication de la science doivent viser, plus qu'une simple diffusion du savoir, le vrai partage d'une culture et plus qu'une transmission des connaissances, une présentation de la technoscience sous son vrai visage, telle qu'elle est et qu'elle se pratique aujourd'hui.

Il reste que si l'information et – surtout – la communication scientifique sont trop peu développées en science, il ne faut pas surestimer leur contribution au problème qui nous préoccupe. Nous avons bien vu que ce n'est pas non plus une panacée. La vulgarisation scientifique et la communication publique de la science se caractérisent par un statut incertain, une fonction ambivalente et des messages parfois ambigus. Ces activités contribuent à « traduire », dans le sens littéral du terme, le discours savant en une langue accessible au profane. Mais y parvient-on réellement ? On peut en douter : le langage scientifique a atteint une telle complexité conceptuelle qu'il rend littéralement illusoire toute tentative de traduction. Et de façon paradoxale, la médiatisation des sujets scientifiques, particulièrement dans le cas des risques technologiques et des crises de dimension scientifique, met en lumière moins la connaissance scientifique elle-même que les lacunes dans le savoir des experts du domaine. Enfin, on reproche aussi aux scientifiques qui se livrent à ces activités de ne pas contribuer à réduire la distance – en termes de connaissances – qui existe entre eux et le public mais au contraire de renforcer celle-ci en marquant clairement la séparation qui existe entre ceux considérés comme savants et ceux décrits comme ignorants.

De la gouvernance des technosciences

Il existe maintes formes de gouvernance en matière d'affaires techniques et scientifiques. Cette gouvernance reste cependant largement confinée aux cercles académiques. De fortes pressions sont exercées pour lever ce qui apparaît comme des obstacles à l'innovation. Dans un climat hautement compétitif, qui fait en effet de la recherche l'une des armes de la guerre économique que se livrent les nations industrialisées, l'on voit mal celles-ci scier la branche sur laquelle elles se sont assises. Ce « laissez-innover » a été fustigé notamment par Jean-Jacques Salomon, qui fait référence, sans le nommer, au principe de précaution : « L'ère de la science triomphante est aussi celle de la menace absolue, du non-sens, de la dérision : la conquête de la rationalité est couronnée par l'escalade anarchique du savoir conçu uniquement dans sa fonction instrumentale, que déjà il ne semble plus au pouvoir du savoir de retenir ou de diriger. Le "laissez-faire" qui a prévalu dans l'essor de l'économie capitaliste avait pour prix la misère et l'injustice dont une partie de l'humanité faisait les frais. Le prix du "laissez-innover" menace d'être autrement plus élevé si l'on songe au caractère global, planétaire, des technologies nouvelles et des conséquences qu'elles entraînent pour l'homme et son environnement (Salomon, 1978). »

Dès lors, aucune des recettes présentées ci-dessus n'apporte une solution définitive au problème du contrôle social des technosciences. Pour une raison bien simple : l'objectif doit être moins le contrôle social de celles-ci que leur intégration sociale. C'est au prix d'une entreprise collective de socialisation des technosciences que les citoyens que nous sommes pourront se réapproprier les développements de la recherche. J.-J. Salomon écrit : « Il n'y a pas de remède au progrès. Toute tentative de trouver automatiquement des issues sans danger face à la variété explosive des progrès actuels ne peut que décevoir. La seule vraie sécurité est relative, elle réside dans l'exercice intelligent du jugement au jour le jour (Salomon, 1999). »

Encore faut-il donner à ce jugement l'occasion de s'exprimer et d'être appliqué. Tant que la recherche restera soumise étroitement aux lois du marché et qu'il n'existera pas une instance ou une forme de contrôle démocratique mondial, rien ne pourra empêcher les applications farfelues ou dangereuses. Au-delà des désagréments et des risques de la nouveauté et malgré le recours de plus en plus fréquent au principe de précaution, la balance penchera toujours, en l'absence de dangers et de risques majeurs avérés, voire suspectés, en faveur des bénéfices potentiellement considérables de l'innovation.

Des jurys citoyens

Cet « exercice intelligent du jugement au jour le jour » est précisément possible dans le cadre des « conférences de consensus » (voir encadré), désormais pratiquées dans plusieurs pays européens sous des appellations différentes : ateliers de scénarios au Danemark, débats de propositions aux Pays-Bas, conférences de citoyens en France ou encore Publiforum en Suisse. La formule a été lancée pour la première fois en 1987 sur l'initiative du Teknologiràdet – qui remplit une tâche d'évaluation des choix scientifiques et technologiques auprès du parlement danois. L'initiative répondait à la volonté de réintégrer les citoyens dans des processus d'évaluation et de prise de décision complexes, jusqu'alors réservés à des publics experts.

Une conférence de consensus consiste à mettre face à face, typiquement durant trois jours, un panel de dix à vingt personnes ordinaires et des experts. Le panel est constitué à partir d'un échantillon de quelques dizaines de personnes volontaires pressenties au hasard sur lequel sont appliqués des quotas par catégories (âge, sexe, profession, choix politique, région) pour obtenir un groupe relativement diversifié et représentatif. Il est évidemment essentiel que les participants soient sélectionnés selon des critères de neutralité et de désintéressement : le panel ne doit pas être coopté en fonction d'intérêts particuliers. Le panel commence par recevoir une documentation préalable suivie habituellement d'une formation, dont le but est de leur donner une vision aussi claire que possible du sujet et également de la manière dont les experts ont l'habitude de l'aborder. Les questions posées par le panel sont réparties parmi les experts. Les questions factuelles sont normalement attribuées à un seul expert mais pour les questions impliquant un jugement de valeur ou les questions particulièrement importantes en général, plusieurs experts sont invités à présenter leur point de vue.

On comprendra aisément que l'intérêt d'une conférence de consensus réside pour beaucoup dans le choix des membres du panel et des experts, qui sont également une quinzaine. À ce sujet, on notera que des pays comme le Danemark ont une conception très large de l'« expert » : ils rangent dans cette catégorie, outre les scientifiques, les représentants de groupes d'intérêt, des administrations et du monde de la culture.

Misant sur une totale transparence des débats, l'expérience, répétée déjà une quinzaine de fois au Danemark, essaimée entretemps aux Pays-Bas, au Royaume-Uni, en Suisse, en France (où elle a été baptisée « conférences de citoyens ») et récemment en Italie, s'est révélée très positive. Les conclusions des citoyens du panel n'ont évidemment pas la prétention de représenter l'opinion publique à laquelle les décideurs et les scientifiques devraient se référer. Elles apportent cependant au débat démocratique sur la science un éclairage bien plus riche que la plupart des sondages. À savoir un avis marqué du « sens commun », extérieur aux intérêts intellectuels ou matériels des acteurs directs du progrès scientifique et technologique, reflétant une expression approfondie et réfléchie des questions, des attentes, des craintes de ceux qui forment sans doute la majorité. Particulièrement bien relayées par les médias dans les pays où elles se tiennent, ces conférences marquent un pas très intéressant dans la communication de la science et la démocratisation des questions qu'elle suscite.

Ces manifestations ont pour objectif de fournir à l'autorité de décision une information nuancée sur des sujets controversés en tenant compte de l'avis et des questions des citoyens. En réalité, leur impact va au-delà de leurs conclusions spécifiques. En introduisant une culture participative, elles modifient les rapports entre administration, pouvoir politique, experts et citoyens. Une conférence de consensus offre aux autorités la possibilité de conférer à un projet naissant une caution d'ordre scientifique et d'inspiration citoyenne. Elle n'a pas pour but de recueillir une information détaillée sur un sujet précis mais de prendre en compte les questions que se posent les citoyens sur un sujet donné.

Si les thèmes abordés ont été principalement liés à la biotechnologie et aux OGM, des conférences ont également porté sur l'ozone stratosphérique (Autriche, 1997), le futur de la pêche, le bruit et la technologie (Danemark, 1998 et 2000), la gestion des déchets municipaux (Canada, 2000), etc. En France, une première conférence de citoyens a eu lieu en 1998 sur la question des OGM[142]. Cette expérience a été suivie de deux autres conférences, sur les thèmes du réchauffement climatique (février 2002) et du devenir des boues domestiques issues des stations d'épuration.

Bien que l'organisation d'une conférence de consensus, ou « de citoyens », soit une entreprise relativement lourde, il semble urgent de multiplier, comme le proposent d'ailleurs un nombre croissant de scientifiques, de tels événements. Ces manifestations forcent à reconnaître que les profanes apportent une autre forme de savoir, une prudence et même une sagesse qui contribuent à rendre les applications de la science plus objectives, dans le sens où elles auront répondu à un maximum d'objections.

Ces conférences font donc office de tribunaux où le système technoscientifique doit répondre devant un jury populaire. Elles ont démontré leur capacité à apporter une réponse citoyenne éclairée à des questions complexes. Encore faut-il que les politiques prennent en compte les conclusions formulées. C'est là l'un des principaux écueils à éviter. Le Danemark indique ici aussi la voie à suivre.

Toutefois, ces conférences n'ont pas pour but de se substituer aux mécanismes démocratiques en vigueur. Elles visent seulement à les compléter. L'expérience montre que leur succès dépend de la liaison mise en place avec les politiques en général et les parlementaires en particulier. Comme l'a écrit Michel Callon, il s'agit de « réconcilier savoirs profanes et connaissances scientifiques pour permettre un véritable exercice de démocratie technique[143] ».

---

[142] Voir Joly P.-B., Assouline G., Kréziak D., Lemarié J., Marris C., *L'innovation controversée : le débat public sur les OGM en France*, Grenoble, Inra, 2000.

[143] Callon, M., 1998, *Annales des Mines*, janvier, p. 63.

Dans un contexte d'incertitudes et de controverses, ces procédures de concertation s'imposent progressivement comme des éléments indispensables de la gouvernance de la technoscience.

Un jury d'assises pour la science

En prise directe avec la société, l'institution judiciaire est l'une des pierres angulaires de nos nations démocratiques. En évolution constante, cette institution s'est structurée pour faire face à la complexité de notre époque et au développement croissant de spécialités. Ainsi, un certain nombre de juridictions spécialisées ont été mises en place (tribunal d'instance, tribunal de commerce, tribunal correctionnel, cour d'assises, etc.).

Une conférence de consensus est basée sur le principe des jurys d'assises. Ces derniers, qui disposent de responsabilités énormes puisqu'ils ont la compétence de condamner à la prison à vie (et même à la mort dans certains pays), jouent un rôle central dans l'administration de la justice des pays démocratiques. Est donc reconnue, dans les principes fondamentaux de nos sociétés, la légitimité d'un petit groupe de citoyens choisis de façon non élective pour se prononcer au nom d'une population tout entière. Il est donc acceptable que le champ de compétences de ce système soit étendu aux questions de choix technologiques.

L'expérience a montré que les conférences de consensus et conférences de citoyens sont des outils bien plus utiles et solides qu'on peut le penser. Au terme de la première conférence de citoyens organisée en 1998, plusieurs participants ont avoué avoir entendu les prises de position publiques les plus raisonnables et les plus équilibrées qui ont jamais été avancées sur le thème des OGM. Par exemple, dans ses recommandations finales, le jury a proposé que les experts qui rendent un avis public publient la liste des contrats qui les lient à des entreprises. Une proposition qui montre bien la forte capacité de lecture des membres du jury, qui ont bien perçu les enjeux économiques de cette technologie et bien cerné les enjeux de ces questions pour la société.

D'autres expériences ont confirmé que ces jurys citoyens posent les bonnes questions et contribuent efficacement au contrôle démocratique de la marche du progrès ou plus exactement à l'« expansion de la technosphère ». Ces conférences constituent à mes yeux les meilleures expériences de communication de la science. Elles associent et légitiment l'expertise scientifique et la décision publique, tout en soulignant la spécificité et l'autonomie de celles-ci. Elles permettent à la société de rendre des jugements (à côté des tribunaux civils, pénaux et d'assises) et de se protéger contre les excès de la science et de la technologie. Cela a bien été démontré par la problématique des OGM. Les procès qui se sont multipliés en France autour des faucheurs de champs d'OGM ont révélé un glissement du débat technoscientifique sur le terrain du juridique, qui apparaît comme un pis-aller et met en lumière l'incapacité de notre système de gouvernance.

Il nous faut donc admettre que, dans le domaine scientifique également, des profanes peuvent valablement élaborer des propositions pour gérer des situations d'incertitude. Pour de telles délibérations, où l'émission d'un jugement éclairé implique une formation préalable suffisante, la démocratie dite « participative » ne peut pas impliquer l'ensemble des citoyens. Dans les conférences de consensus ou de citoyens, un groupe, même constitué d'une petite quinzaine de personnes seulement, peut néanmoins être représentatif de la population. Jacques Testart soutient que les conférences de consensus permettent un véritable travail démocratique[144].

On objectera que ces conférences constituent une forme d'élitisme au motif qu'elles concentrent le pouvoir décisionnaire dans une poignée de citoyens. Le but n'est pas de remplacer les mécanismes de décision démocratiques mais seulement d'en éclairer les pistes et de fournir des avis pertinents. Au-delà des enseignements qu'elles apportent, de telles procédures donnent un signal très clair, à savoir que l'appréciation des menaces globales (changements climatiques, risques environnementaux, éthique du vivant) n'est pas du ressort exclusif des experts, et que des organisations internationales pourraient encadrer des procédures de démocratie délibérative mondialisée.

---

144 *Le Monde Diplomatique*, février 2005.

Sans doute les « jurys d'assises pour la science » gagneraient à être institutionnalisés et pratiqués suivant des normes agréées. Car les difficultés ne sont pas négligeables. Ces conférences se heurtent d'abord à la réticence des élus, qui y voient une critique implicite de leur fonctionnement et une forme de démocratie participative à laquelle ils opposent la légitimité de la seule démocratie représentative. Et sur le premier point, ils n'ont pas tort ! Le contraste est en effet frappant entre la démocratie représentative qui délibère de moins en moins[145] et ces jurys citoyens qui permettent des délibérations sur des sujets complexes et sensibles. Même si, et c'est sans doute la principale faiblesse du système actuel, ces délibérations ne sont pas toujours suivies de décisions. L'articulation de la relation entre ces jurys citoyens et le pouvoir politique n'est pas claire. Mais on peut très bien imaginer qu'une conférence de consensus soit suivie, dans la foulée, d'un débat parlementaire ou d'une consultation gouvernementale.

Il conviendrait aussi de réfléchir au travail de communication en amont et en aval de ces conférences. En France, la presse a peu parlé de la conférence sur les OGM et encore moins des deux autres. Il serait essentiel de bien expliquer aux journalistes ce qu'est une conférence de citoyens, son format et son objectif. Pour

[145] Relisons à ce propos le compte rendu de la session du Parlement européen (qui n'est, de ce point de vue, ni meilleur ni pire que les institutions nationales), en particulier celle du 14 février 1995, qui était consacrée au thème de la société de l'information. Cette époque était historique puisqu'elle coïncidait, souvenez-vous en, avec la naissance d'Internet et des communications électroniques. Le moment était donc sérieux et les enjeux importants. Mais d'emblée, les débats ont porté sur les mécanismes qui freinaient… l'émergence de la société de l'information. Plusieurs intervenants ont déclaré, en substance : « Il ne faut pas chercher à éviter ce qui va de toute façon arriver. » Seuls quelques députés ont exprimé leur inquiétude vis-à-vis de l'évolution en cours. Mais tout s'est passé comme si cette évolution semblait inéluctable. La question ne s'est pas posée de savoir si cette évolution était non seulement souhaitable mais nécessaire. L'enjeu des débats n'était pas de décider s'il faut prendre le train en marche mais de déterminer les mesures éventuelles à prendre pour aller de l'avant au plus vite et s'adapter au « choix » qui, de toute façon, a déjà été effectué… Il n'y a donc eu aucun échange sur le fond.

cette raison également, l'institutionnalisation de ces conférences me paraît fondamentale, car elle permettrait de mieux diffuser les conclusions de ces consultations et surtout de mieux définir leur rôle et donc leur apport au processus de décision politique. Et une formalisation évitera que ces initiatives se réduisent à une ingénierie sociale destinée à faire avaler la pilule technologique au public…

En instaurant des assises des sciences et des techniques, la pratique systématisée, voire institutionnalisée, de jurys citoyens devrait permettre de créer des espaces-temps raisonnables pour modérer les excès et recueillir tous les fruits de la technologie. Le principe de précaution et les conférences de consensus sont des procédures efficaces de décision politique en situation de controverse. Ils constituent à l'heure actuelle une réponse réaliste à l'impuissance de notre société à contrôler le cours et les débordements du développement des sciences et des techniques.

Les lecteurs et lectrices qui souhaitent prolonger le débat ouvert par ce livre peuvent me faire parvenir leurs remarques et suggestions via mon site Internet :

http://www.michelclaessens.net

Références bibliographiques

Academie des Sciences – Cadas, 1996, *L'appareil d'information sur la science et la technique*, Paris, Lavoisier, Technique et Documentation.

Allègre, C., 2007, *Ma Vérité sur la planète*, Paris, Plon.

Association Pénombre, 1999, *Chiffres en folie*, Paris, La Découverte.

Bateson, G. et Jurgen, R., 1988, *Communication et société*, Paris, Seuil.

Bodmer, W (sous la direction de), 1985, *The Public Understanding of Science*, Londres, The Royal Society.

Boy, D., 1999, *Le Progrès en question*, Paris, Presses de la Renaissance.

Bourdieu, P., 1996, *Sur la télévision*, Paris, Raison d'agir.

Breton, P., 1996, *L'Utopie de la communication*, Paris, La Découverte.

Callon, M., Lascoumes, P. et Barthe, 2001, Y., *Agir dans un monde incertain. Essai sur la démocratie technique*, Paris, Seuil.

Cheng, D., Claessens, M., Gascoigne, T., Metcalfe, J., Schiele, B. et Shunke, S. (sous la direction de), 2008, *Communicating Science in Social Contexts*, Utrecht, Springer

Christensen, L.L., 2007, *The Hands-on Guide for Science Communicators*, New York, Springer.

Claessens, M. (sous la direction de), 2007, *Communicating European Research 2005*, Utrecht, Springer.

Claessens, M., 1990, *Les Dessous de l'intelligence*, Paris, Imago.

Collectif, 2000, Science et société, Paris, La Documentation française – *Les Cahiers français.*

Commission européenne, 2005a, *Europeans, Science and Technology*, Bruxelles.

Commission européenne, 2005b, *Social Values, Science and Technology*, Bruxelles.

Commission européenne, 2007, *La recherche scientifique dans les médias*, Bruxelles.

Cunningham, R. (sous la direction de), 1999, *Interdisciplinarity and the Organisation of Knowledge in Europe*, Bruxelles, Commission européenne.

Ellul, J., 1988, *Le Bluff technologique*, Paris, Hachette.

Ellul, J., 1977, *Le Système technicien*, Paris, Calmann-Lévy.

Ellul, J., 1954, *La Technique ou l'enjeu du siècle*, Paris, Armand Colin.

European Research Advisory Board, 2007 *Research and Societal Engagement*, Final Report 07.013, Bruxelles, Commission européenne.

Fayard, P., 1988, *La Communication scientifique publique. De la vulgarisation à la médiatisation*, Lyon, Chronique Sociale.

Gillmor, D., 2004, *We the Media. Grassroots Journalism by the people, for the people*, Sebastopol, O'Reilly Media.

Habermas, J., 1973, *La Technique et la science comme « idéologie »*, Paris, Gallimard.

Heidegger, M., 1958, *Essais et conférences*, Paris, Gallimard.

Jacomy, B., 1990, *Une Histoire des techniques*, Paris, Le Seuil.

Jonas, H., 1990, *Le Principe responsabilité. Une éthique pour la civilisation technologique*, Paris, Cerf.

Joss, S. et Durant, J. (sous la direction de), 1995, *Public Participation in Science : the Role of Consensus Conferences in Europe*, Londres, Science Museum.

Jurdant, B. (sous la direction de), 1998, *Impostures scientifiques*, Paris, La Découverte/Alliage.

Kourilsky, P., 1998, *La Science en partage*, Paris, Odile Jacob.

Kourilsky, P. et Viney, G., 2000, *Le Principe de précaution*, Paris, Odile Jacob/La Documentation française.

Kuhn, T., 1983, *La Structure des révolutions scientifiques*, Paris, Flammarion.

Lagadec, P., 1981, *La Civilisation du risque. Catastrophes technologiques et responsabilité sociale*, Paris, Le Seuil.

Latouche, S., 1995, *La Mégamachine*, Paris, La Découverte/MAUSS.

Lévy-Leblond, J.-M., 1984, *L'Esprit de sel*, Paris, Le Seuil (Points.)

Lévy-Leblond, J.-M., 1996, *La Pierre de touche*, Paris, Gallimard (Folio essais).

Lévy-Leblond, J.-M. (sous la direction de), 1999, *L'Écrit de la science*, Bruxelles, Commission européenne.

Mirenowicz, J., 2000, *Sciences et démocratie : le couple impossible ?*, Paris, Charles Léopold Mayer.

Montgomery, L. S., 2002, *The Chicago Guide To Communicating Science*, Chicago, University of Chicago Press.

Olivier, B. , 2007, *Les sciences de la communication*, Paris, Armand Colin.

Popper, K.R., 1973, *La Logique de la découverte scientifique*, Paris, Payot.

Popper, K.R. , 1998, *Des sources de la connaissance et de l'ignorance*, Paris, Payot et Rivages (Petite Bibliothèque).

Pracontal (de), M. , 1986, *L'Imposture scientifique en dix leçons*, Paris, La Découverte.

Ramonet, I., 1999, *La Tyrannie de la communication*, Paris, Galilée.

Rifkin, J., 1998, *Le Siècle biotech. Le commerce des gènes dans le meilleur des mondes*, Paris, La Découverte.

Roqueplo, P., 1983, *Penser la Technique*, Paris, Le Seuil.

Roqueplo, P., 1993, *Climats sous surveillance*, Paris, Economica.

Roqueplo, P., 1997, *Entre Savoir et décision, l'expertise scientifique*, Paris, Inra éditions.

Rouban, L., 1998, *La Fin des technocrates*, Paris, Presses de Sciences Po, La Bibliothèque du citoyen.

Salomon, J.-J., 1970, *Science et politique*, Paris, Le Seuil.

Salomon, J.-J., 1992, *Le Destin technologique*, Paris, Balland.

Salomon, J.-J., 1999, *Survivre à la science*, Paris, Albin Michel.

Schiele, B. (sous la direction de), 1994, *Quand la science se fait culture*, Québec, Éditions MultiMondes.

Sclove, R.E., 1995, *Democracy and Technology*, New York, Guilford Press.

Stocklmayer, S.M., Gore, M.M. et Bryant, C. (sous la direction de), 2001, *Science Communication in Theory and Practice*, Dordrecht, Kluwer Academic Publishers.

Virilio, P.,1999, *Stratégie de la déception*, Paris, Galilée.

Wolton, D., 2005, *Il faut sauver la communication*, Paris, Flammarion.

Watzlawicz, P., Beavin, J. H. et Jackson, D.D., 1972, *Une logique de la communication*, Paris, Seuil.

Table des matières

Ouvrages parus dans la même collection

Les mondes de l'agriculture
Une recherche pour demain
M. Sebillotte, 1996, 260 p.

Société et révolution biologique
Pour une éthique de la responsabilité
A. Kahn, 1996, 96 p.

Entre savoir et décision, l'expertise scientifique
P. Roqueplo, 1997, 112 p.

L'expérience et le modèle
Un discours sur la méthode
J.-M. Legay, 1997, 112 p.

Les usages sociaux de la science
Pour une sociologie clinique du champ scientifique
P. Bourdieu, 1997, 80 p.

La fin du « tout génétique »
Vers de nouveaux paradigmes en biologie
H. Atlan, 1999, 96 p.

Les savants croient-ils en leurs théories ?
Une lecture philosophique de l'histoire des sciences cognitives
J.-P. Dupuy, 2000, 136 p.

Le métier de chercheur
Regard d'un anthropologue
2e édition revue et corrigée
B. Latour, 2001, 108 p.

Les harmonies de la nature à l'épreuve de la biologie
Évolution et biodiversité
P.-H. Gouyon, 2001, 96 p.

L'évaluation du travail à l'épreuve du réel
Critique des fondements de l'évaluation
C. Dejours, 2003, 84 p.

Science, argent et politique
Un essai d'interprétation
D. Pestre, 2003, 204 p.

Se libérer de la matière ?
Fantasmes autour des nouvelles technologies
B. Bensaude-Vincent, 2004, 94 p.

L'analyse des risques
L'expert, le décideur et le citoyen
B. Chevassus-au-Louis, 2007, 96 p

À quoi sert l'histoire des sciences ?
M. Morange, 2008, 72 p.

Agronomes et paysans
Un dialogue fructueux
A. Pochon, 2008, 72 p.

De la protection de la nature au pilotage de la biodiversité
P. Blandin, 2009, 124 p.

Complexité aléatoire et complexité organisée
J.-P. Delahaye, 2009, 76 p.

Impression d'après documents fournis
bialec, nancy (France)
Dépôt légal n° 72122 - septembre 2009